食在好味 **THE FOOD IN GOOD TASTE**

WILDLY POPULAR
SICHUAN AND HUNAN

中国美食
烹饪大师 **甘智荣 主编**

超人气
川湘菜

新疆 人民出版总社
新疆人民卫生出版社

图书在版编目（CIP）数据

超人气川湘菜 / 甘智荣主编 . -- 乌鲁木齐 ： 新疆
人民卫生出版社，2016.6
（食在好味）
ISBN 978-7-5372-6571-3

Ⅰ . ①超… Ⅱ . ①甘… Ⅲ . ①川菜－菜谱②湘菜－菜
谱 Ⅳ . ① TS972.182.71 ② TS972.182.64

中国版本图书馆 CIP 数据核字（2016）第 112925 号

超人气川湘菜

CHAORENQI CHUANXIANGCAI

出版发行	新疆 人民出版总社 新疆 人民卫生出版社
责任编辑	张 鸥
策划编辑	深圳市金版文化发展股份有限公司
摄影摄像	深圳市金版文化发展股份有限公司
封面设计	深圳市金版文化发展股份有限公司
地　　址	新疆乌鲁木齐市龙泉街 196 号
电　　话	0991-2824446
邮　　编	830004
网　　址	http://www.xjpsp.com
印　　刷	深圳市雅佳图印刷有限公司
经　　销	全国新华书店
开　　本	173 毫米 ×243 毫米　　16 开
印　　张	10
字　　数	200 千字
版　　次	2016 年 9 月第 1 版
印　　次	2016 年 9 月第 1 次印刷
定　　价	29.80 元

美食，是舌尖上的精灵，也是文明的传承者。

圣人有云："食、色，性也。"中国悠久而灿烂的饮食文化就如这个伟大的民族一样厚重而耐人寻味。五千年的历史长河中，不同的地域与气候造就不同的民俗风情，也成就了华夏民族多姿多彩的饮食文明，而这当中最活跃的就是川菜和湘菜，其独特而精妙的技艺常常引得古今中外无数食客流连忘返。

"食在中国，味在四川"，川菜历史悠久，是我国最有特色的菜系，也是民间最大的菜系，在国内外都享有极高的声誉，素有"百姓菜"之称。川菜取材广泛，味型多变，口味清香浓郁，主要以麻辣、椒麻、鱼香等为主，尤其是四川火锅，以辣而不燥、麻而不烈、风味厚重、久食不腻而红遍全国各地。古老的成都，是巴蜀的中心，全城由西向东遍布美食，著名的有羊西线美食一条街及府南新区火锅一条街、草堂餐饮娱乐圈、武侯祠大街、双楠美食等，每年都有成千上万的游客慕名而来，只为琳琅满目的美食。这座城市不骄不躁，虽然坐拥博大精深的巴蜀文化和久负盛名的饮食文化，但是本地风俗却极为朴素，丰富的土特产、热闹非凡的夜市、让人垂涎欲滴的火锅……这些都让成都成为了中国最具魅力的"休闲之都"和"美食之都"。

在江水之南、洞庭之滨，湘菜也正在以迅雷之势征服着世界各地的食客，不分地域，不分文化，令人回味无穷的珍馐触动着每个到过本地的游子的神经和味蕾。在历代食客的眼中，湘菜早已成为他们内心深处无法磨灭、刻骨铭心的乡土之味。如果说，川式风情是内敛而睿智，那么来自鱼米之乡的人们更喜欢展示他们的钟灵毓秀和热情好客。湖南人嗜辣，还爱喝酒，"敢尝辣者皆好汉，莫辞酒醉是英雄"，广为大家熟知的毛家红烧肉、豆豉辣椒、湘西土匪鸭、蕨菜炒腊肉、湖南臭豆腐等特色佳肴都是佐酒的好菜。上千年的技艺沉淀，让湘江人民个个都能化腐朽为神奇。他们很讲究不同食材的搭配，讲求色泽的浓厚，一般主原料只选用一道菜，然后按照各自的本质烹调后，产生不同的色彩，进而使整个席面看起来赏心悦目，让食客忍不住赞叹湘菜文化的悠久而广博。

目录

一菜一格，
念念不忘的家常川菜

形味兼美，
地道绝色的家常湘菜

part 5

凉爽一夏，
超人气川湘凉拌菜

part 6

美食传说，
街头巷尾的超人气川湘名吃

超人气川味小吃　138

超人气湘味小吃　150

邂逅川湘

——值得所有美好词汇来形容的美食

川、湘菜是我国历史悠久的两大菜系。由于地理环境、气候物产、文化传统以及民族习俗的不同，两种菜各具特色，川菜味型多变、菜式多样、口味香醇，以善用麻辣著称；湘菜则讲究形味兼美、油重色浓，讲究实惠，以酸辣、咸香著称。

PART 1

风情巴蜀 VS 鱼米之「湘」

味道四川

作为我国八大菜系之一，川菜历史悠久，起源于古巴蜀，素有"食在中国，味在四川"之美誉，早在一千多年前，《蜀都赋》中便有"金垒中坐，肴隔四陈，觞以清酊，鲜以紫鳞"的描述。巴蜀的好山好水孕育出的川菜有滋有味，历经千年传承，主要有三支：上河帮、下河帮、小河帮。

上 河 帮

上河帮，又称蓉派川菜，是四川川菜中官家川菜的代表，以精致细腻、口味清淡、绵香悠长著称，用料、刀工极为考究，有众多不辣的清汤菜式。其著名菜品有麻婆豆腐、回锅肉、宫保鸡丁、盐烧白、粉蒸肉、夫妻肺片、蚂蚁上树、灯影牛肉、蒜泥白肉、樟茶鸭子、白油豆腐、鱼香肉丝、泉水豆花、盐煎肉、干煸鳝片、东坡墨鱼、清蒸江团等。

下河帮

　　下河帮，又称渝派川菜。古代时期，处于川东地区的重庆经济落后，众多菜品在古代难登大雅之堂的菜式风格大方粗犷，以味道麻辣、用料大胆、善推陈出新而著称，亦被人称作江湖菜。大多起源于市民家庭厨房或市井小店，并逐渐在市民中流传。重庆菜式所用的辣椒以云南小河椒、贵州朝天椒为主，酱香和翻炒、干炕工艺得以从贵州传入，偏近贵州口味。其著名菜品有以酸菜鱼、毛血旺、口水鸡为代表的炖烧系列；煮肉片和水煮鱼为代表的水煮系列；辣子鸡、辣子田螺和辣子肥肠为代表的辣子系列；泉水鸡、烧鸡公、芋儿鸡和啤酒鸭为代表的干烧系列；泡椒鸡杂、泡椒鱿鱼为代表的泡椒系列；干锅排骨和香辣虾为代表的干锅系列等。

小河帮

　　小河帮，又称盐帮菜，以内江菜和自贡菜等共同组成的泸菜，风格独树一帜，以味道厚重、怪异多味为主要特色。盐帮菜以味厚、味重、味丰为其鲜明的特色，最为注重和讲究调味，善用椒姜，料广量重，选材精道。煎、煸、烧、炒，自成一格；煮、炖、炸、熘，各有章法。尤擅水煮与活渡，形成了区别于其他菜系的鲜明风味和品位。比较著名的菜有水煮牛肉、火鞭子牛肉、富顺豆花、火爆黄喉、牛佛烘肘、粉蒸牛肉、风萝卜蹄花汤、芙蓉乌鱼片、火爆毛肚、谢家黄凉粉、郑抄手、酸辣冲菜、李家湾退鳅鱼、冷吃兔、冷吃牛肉的冷吃系列、跳水鱼、鲜锅兔、鲜椒兔等等。

　　得天独厚的地理条件、厚重悠久的历史，共同造就了川菜独特的美食传统与文化。现代川菜仍然坚持兼收并蓄、勇于创新的原则，不忘传承，不断与时俱进，真正做到了"集众家之长，成一家之风格"，使川菜成为全国乃至全世界人民都喜爱的菜系。

味道湖南

· ·

　　湘菜，又称湖南菜，是传承两千多年的著名菜系，以制作精细、用料广泛、口味多变、色彩浓重为特色。特殊的地理位置和气候决定了湖南人离不开"辣"，用酸泡菜作调料，佐以辣椒烹制出来的菜肴，开胃爽口，逐渐形成了独具特色的饮食习俗。置身湖湘之地，邀请二三好友，吃"湘"喝辣，纵然舌尖生火、满身大汗，也难以停下手中的筷子。

湘 江 菜

　　湘江菜主要集中在湘江流域，以长沙、衡阳、湘潭为中心，是湖南菜系的主要代表。它以制作精细，油重色浓，讲求实惠，口味多变，注重酸辣、香鲜、软嫩，素有煨、炖、腊、蒸、炒等特色制法。煨、炖讲究微火烹调；腊味制法包括烟熏、卤制、叉烧；炒则突出鲜、嫩、香、辣，市井皆知。湘西菜擅长制作山珍野味、烟熏腊肉和各种腌肉，常以柴炭作燃料，有浓厚的山乡风味。著名代表菜有海参盆蒸、腊味合蒸、走油豆豉扣肉、糖油粑粑、麻辣仔鸡等，都是名菜佳肴。

洞庭菜

洞庭菜以烹制河鲜、家禽和家畜见长，多用炖、烧、蒸、腊的制法，其特点是芡大油厚、咸辣香软。炖菜常用火锅上桌，民间则用蒸钵置泥炉上炖煮，俗称蒸钵炉子。边煮边吃边下料，滚热鲜嫩，津津有味，当地有"不愿进朝当驸马，只要蒸钵炉子咕咕嘎"的民谣，充分说明炖菜广为人民喜爱。代表菜有洞庭金龟、网油叉烧洞庭桂鱼、蝴蝶飘海、冰糖湘莲等，皆为有口皆碑的洞庭湖区名肴。

湘西菜

湘西菜又称"湘西土菜"，土食材、土做法，无论是飞鸟鸣禽还是鲜美蔬果，都取自天然。湘西菜擅长制作山珍野味、烟熏腊肉和各种腌肉，口味侧重咸香酸辣，常以柴炭作燃料，有浓厚的山乡风味。无论是凤凰的烧烤、苗家社饭、苗家酸鱼还是湘西腊肉，都是让人念念不忘的美味。其著名的代表菜有红烧寒菌、板栗烧菜心、湘西酸肉、炒血鸭等，驰名湘西。

　　湖南人敢作敢当、骁勇强悍、勤劳刻苦，当这种品行遇上美味的食材，便需要借助辣椒这种火辣的食材来抒发心中情怀。另外，婉约而又大气的山水，也成就了湘菜"一城一味"的特征，孕育出了大不相同的风情民俗。上述三种湘菜虽然各具特色，但又相互依存、彼此渗透，组成了湘菜刀工精细、形味兼美、调味多变等风格。

常见的食材

天赐好鱼

好山好水出好鱼，无论是川菜还是湘菜都有很多鱼类菜肴。巴蜀和潇湘多山水，天然无污染的原始生态环境，简直是上天的恩赐。勤劳的人们个个是捕鱼能手，新鲜甘美的鱼儿再佐以各种天然香料和药材进行烹制，成菜口感鲜香，肉质细嫩爽滑。

大厨课堂

鱼腥味是鱼本身所含的一种异味，若不除掉，会影响鱼的风味。除鱼腥味，按时间长短，有不同的方法。

一、鱼活之时，放入清水中喂养2~3天，加入少许菜油或醋，除去腥味。要求隔半天或一天换一次水，让鱼身的物质同菜油或醋发生反应，吐出污物，溶解腥味物质。

二、在烹调之前，腌制15~20分钟，用葱、姜、蒜、醋、料酒、香菜等除去腥味。

三、在烹调之中，用煎、炸、蒸、烧等方法，让葱、姜、蒜先出香味，再下鱼，除腥增香。中途加点醋、料酒，效果更好。

四、在洗净之后，通过氽水除去腥味。要点：将鱼去鳃除鳞，剖掉内脏后，擦干，氽水。氽水时间不宜过长，鱼皮变色即可。

野性腊味

湖南腊肉，亦称三湘腊肉，湖南安化腊肉和湘西腊肉最为出名。选用皮薄、肉嫩、体重适宜的宁香猪尾原料，经切条、配制辅料、腌渍、洗盐、晾干和熏制六道工序加工而成，其特点是皮色红黄、脂肪似腊、肌肉棕红、咸淡适口、熏香浓郁、食之不腻。腊肉的防腐能力强，能延长保存时间，并增添特有的口味。腊肉作为肉制品，并非长久不坏，冬至以后大寒以前制作的腊肉保存得最久且不易变味。随着气温的升高，最好的保存办法就是将腊肉洗净，用保鲜膜包好，放在冰箱的冷藏室，这样即使三五年也不会变味。

好豆食

　　湘菜中的豆类及豆制品的菜肴丰富多样，长沙的臭豆腐、攸县香干等都是闻名天下的佳品。攸县香干是湖南省著名的汉族传统豆制品，起源于攸县境内，具有锅香浓、口感滑嫩、韧性足、口味纯等特点，是老少皆宜的家常菜。攸县香干营养丰富，有"植物肉"之称。其蛋白质消化率在90%以上，比豆浆以外的其他豆制品高，具有高蛋白、低脂肪的特点，是典型的养生食品，有降压、降脂、降胆固醇等功效。

悦食鲜肉

　　川湘菜中的猪肉、牛肉、鸡肉、鸭肉等肉禽类佳肴众多。一道道色香味浓的畜禽肉荤菜，似乎在餐桌上放肆地挑逗你的味蕾，让香气不断蔓延，美味的秘诀就这样猝不及防地进入心底。畜肉开道，禽肉紧跟其后，每一种都让你眼花缭乱、心花怒放。

鲜美水产

　　丰腴肥美的水产海鲜叫人怎能不爱？当生猛的鱼、虾、蟹、贝邂逅鲜香劲辣的川湘菜，一定让人忍不住流口水。凉拌、蒸煮、热炒……都能让你体验到江海湖塘孕育出的极致珍馐。爽口的鲜虾、肥美的扇贝、留香的螃蟹……每一种水产经过别具特色的烹饪手法，绝对会让你大快朵颐、一吃难忘。

蔬菜菌菇

　　四川和湖南人的餐桌上从来都不会缺少新鲜应季的蔬菜菌菇。他们遵循着自然的规律，用祖先留下来的烹饪秘笈，将那些馈赠在手下变成香气扑鼻的美味，这就是平淡而充满智慧的川湘人。清爽的黄瓜、翠绿的莴笋、火红的辣椒、酸甜的番茄、苦涩的凉瓜、新鲜的菌菇……经过他们考究的烹饪，都能蜕变成令人食指大动的美味。

滋补药材

　　川湘菜中有很多药膳，比如重庆火锅中含有三十多种药材，很多名菜中也都会放一些药材，除了佐料，更重要的是能帮助提高人体身体素质。以滋补人体阴阳气血为功效、调节人体脏腑功能达到阴平阳秘为目的的药膳，它"寓医于食"，既可以使食用者得到美食享受，又让人在享受中使身体得到滋补。

烹饪技巧大揭密

川菜的烹饪技巧

川菜的烹调技法多样，《函海·醒园录》中就提到了川菜一共有38种烹调方法，其中最擅长炒、爆、煸、拌、煮、焖等。

炒：在川菜的诸多方法中，"炒"很有特点，不过油，不换锅，急火短炒，一锅成菜，要求时间短、火候急、汁水少，口味鲜嫩。

干煸：川菜颇有特点的一种烹制方法，是将经加工处理的原料放入锅内加热翻炒，使之脱水、成熟、增香。成菜有酥软干香的特点。

爆：一种典型的急火短时间加热、迅速成菜的烹调方法，较突出的一点是勾芡，要求芡汁要包住主料而油亮。

拌：川菜中制作冷菜的烹调方法，是将经过加工处理的生料或熟料拌匀使之熟透入味。拌制前，原料一般都会经过腌渍或加热烹熟的工序。

焖：将加工处理的原料在锅中加油爆炒后，再加汤汁、调味品，用大火烧开，加盖后用中火加热使熟；或大火烧开后再改用小火，慢烧使熟的一种烹制方法。

烹调特点

1.选料认真：量才使用，物尽其能，力求鲜活，讲究时令。
2.合理搭配：讲究色泽，荤素搭配，不夺其味，突出风味。
3.刀工精细：大小一致、粗细一样、长短相等、厚薄均匀。

湘菜的烹饪技巧

湘菜刀工精细，做法讲究，在制法上以煨、炖、腊、蒸、炒诸法见称。煨、炖讲究微火烹调；腊味制法包括烟熏、卤制、叉烧；炒则突出鲜、嫩、香、辣。

煨：将加工处理的原料先用开水焯烫，放砂锅中加足汤水和调料，用旺火烧开，撇去浮沫后加盖，改用小火长时间加热，直至汤汁粘稠、原料完全松软成菜的做法。

炖：将原料经过煎、炸、煸或水煮等处理方法制成半成品，放入陶容器内，加入冷水，用旺火烧开，随即转小火，去浮沫，放入葱、姜、料酒，长时间加热至软烂出锅。

卤：是冷菜的烹调方法，也有热卤，将经过初加工处理的食材放入卤水中加热浸煮，待其冷却即可。

蒸：入蒸笼利用蒸汽使菜成熟的烹调方法。将半成品或生料装于容器内，加好调味品、汤汁或清水，上蒸笼蒸熟即成。特点是能减少水分和营养流失，保持味道的鲜美。

烹调特点

1.重"煨"：在色泽变化上分为"红煨"、"白煨"，在调味上分为"清汤煨"、"浓汤煨"、"奶汤煨"，讲究小火慢炖、原汁原味。

2.重本土调料：和其他菜系不同，湘菜虽然也是调料众多，但主要以本土调料为主，彰显出湘菜的个性。

3.重菜品温度：多数湘菜的器皿都是用支火加热的形式上桌或用高汤调制，尽量保证菜品的温度。

川味儿 VS 湘味儿

百变川味儿

　　川菜具有"清鲜醇浓，麻辣辛香，一菜一格，百菜百味"的特点。川菜的三香三椒三料、七滋八味九杂是什么呢？三香乃葱、姜、蒜，三椒乃辣椒、胡椒、花椒，三料乃醋、郫县豆瓣酱、醪糟。现代川菜在麻、辣、咸、酸、苦、甜等基础味型上又增添了多种复合味型。

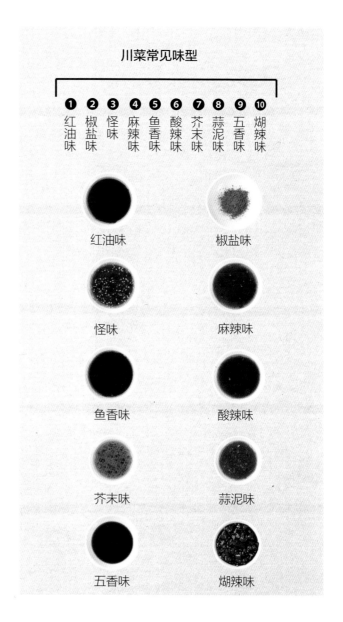

川菜常见味型

| ❶ 红油味 | ❷ 椒盐味 | ❸ 怪味 | ❹ 麻辣味 | ❺ 鱼香味 | ❻ 酸辣味 | ❼ 芥末味 | ❽ 蒜泥味 | ❾ 五香味 | ❿ 煳辣味 |

红油味　　　　　椒盐味

怪味　　　　　麻辣味

鱼香味　　　　　酸辣味

芥末味　　　　　蒜泥味

五香味　　　　　煳辣味

川菜中常见的调味料

❶❷❸❹❺❻❼❽
豆豉 陈皮 川盐 豆瓣酱 干辣椒 辣椒 花椒 胡椒

豆豉

陈皮

川盐

豆瓣酱

干辣椒

辣椒

花椒

胡椒

火辣湘味儿

　　湘菜刀工精细，形味兼美，如同陈年老醋，色正味浓，馥郁芬香。湘菜讲究的是"热得烫，辣得足，香味特，五味和"，主要特点就是油重色浓，注重酸辣、鲜香和软嫩。

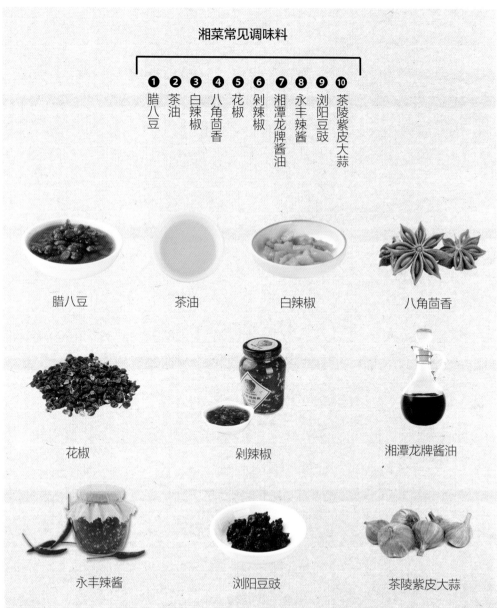

湘菜常见调味料

❶ 腊八豆
❷ 茶油
❸ 白辣椒
❹ 八角茴香
❺ 花椒
❻ 剁辣椒
❼ 湘潭龙牌酱油
❽ 永丰辣酱
❾ 浏阳豆豉
❿ 茶陵紫皮大蒜

腊八豆　　　　茶油　　　　白辣椒　　　　八角茴香

花椒　　　　剁辣椒　　　　湘潭龙牌酱油

永丰辣酱　　　　浏阳豆豉　　　　茶陵紫皮大蒜

下馆子必点

PART 2

—— 超人气经典川湘菜

民以食为天，食以味为先。

中餐饮食因地域不同，

而有了截然不同的口味和特色。

经过几千年的演化和不断创新，

形成了经典的八大菜系，

川菜和湘菜更是个中翘楚。

回锅肉

4 人份

烹饪时间　10 分钟

[原料]

猪肉....................200 克
大葱......................30 克
蒜苗......................25 克
生姜......................30 克
红椒......................65 克
大蒜......................30 克
花椒........................5 克

[调料]

盐 ....3 克
豆豉......................20 克
鸡粉......................15 克
糖 ....15 克
辣椒油..............10 毫升
生抽..................10 毫升
豆瓣酱 ....50 克
料酒..................30 毫升
食用油..................适量

[做法]

1 生姜去皮，部分切片，剩余切末；大蒜去皮，切成蒜末。

2 热锅注水煮沸，放入姜片、葱段、花椒、料酒、盐、带皮五花肉，盖上锅盖煮 15 分钟至断生。

3 蒜苗切段，红椒对半切开，去籽，切成菱形块。

4 五花肉捞出，切薄片，淋少许生抽，抓匀；热锅注油烧六成热，放入五花肉炸 4 分钟至表面金黄捞出。

5 热锅注油烧热，倒入姜末、蒜末、少许豆瓣酱、豆豉、糖，炒出香味，放入五花肉，反复翻炒均匀。

6 再倒入少许料酒、生抽、红椒、蒜苗、葱段、鸡粉、红油，爆炒出香味，将炒好的菜肴盛至盘中。

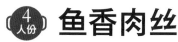

鱼香肉丝

4人份

烹饪时间　8分钟

[原料]

胡萝卜 .... 120 克
竹笋 .... 100 克
泡发木耳 .... 24 克
猪里脊肉 .... 200 克
小葱 .... 35 克
蒜末 .... 30 克
姜末 .... 30 克

[调料]

料酒 .... 10 毫升
蛋清 .... 10 毫升
淀粉 .... 10 克
鸡粉 .... 5 克
陈醋 .... 10 毫升
盐 .... 3 克
白糖 .... 10 克
生抽 .... 10 毫升
豆瓣酱、食用油 .. 各适量

[做法]

1. 猪肉切成丝，放入碗中，撒上盐、生粉，淋上料酒，倒入蛋清搅匀，腌渍片刻，倒入适量食用油。

2. 胡萝卜、木耳、竹笋各切丝。沸水中倒入竹笋丝，焯煮5分钟，去除其苦味，捞出放至在凉水中待用。

3. 继续往沸水中放入盐、食用油，倒入胡萝卜丝焯煮至断生，过凉；再倒入木耳丝，焯煮至断生，放凉。

4. 热锅注油烧热，烧至四成热，倒入肉丝，油炸至成白色，盛出沥干油。

5. 热锅注油，放入姜末、蒜末、豆瓣酱，炒香；放入白糖、肉丝，加入生抽、老抽，炒匀，放入竹笋丝、胡萝卜丝、木耳丝，加入适量盐，炒匀。

6. 往淀粉中倒入清水，拌匀，再加入辣椒油、陈醋调汁，倒入锅中勾芡，盛入盘中，撒上葱段、香菜即可。

麻婆豆腐

烹饪时间　15 分钟

[原料]

豆腐.....................400 克
鸡汤.................500 毫升
蒜.........................15 克
葱.........................20 克

[调料]

花椒粉 ....3 克
鸡粉.........................3 克
豆瓣酱 ....35 克
淀粉.........................10 克

[做法]

1　洗净的葱、蒜压碎，切末；豆瓣酱剁碎，使得菜色更美观及更入味；洗净的豆腐切成小块，放在备有清水的碗中，浸泡待用；水淀粉勾芡，备用。

2　热锅注水烧热，将豆腐放入锅中，焯水 2 分钟，倒出备用。

3　热锅注油烧热，放入豆瓣酱炒香，放入蒜末炒出香味；倒入鸡汤拌匀

烧开，再倒入生抽，翻炒均匀。

4　放入豆腐烧开，撒入鸡粉，炒至均匀入味；加入水淀粉勾芡，撒入花椒粉调味。

5　撒入葱花，使得菜色更美观。

6　关火后盛出炒好的菜肴放至备好的盘中即可。

 白果炖鸡

烹饪时间　125 分钟

[🥄 原料]

光鸡......................... 1 只
猪骨头 ....450 克
猪瘦肉 .... 100 克
白果..................... 120 克
葱、香菜........各 15 克
姜 .... 20 克
枸杞..................... 10 克

[🗄 调料]

盐 .... 4 克
胡椒粉 ....少许

[🥄 做法]

1　瘦肉洗净，切块；姜拍扁。

2　锅中注水，放入猪骨头、鸡肉和瘦肉；加盖，大火煮开；揭盖，捞起装盘。

3　砂煲置旺火上，加适量水，放入姜、葱。

4　再倒入猪骨头、鸡肉、瘦肉和白果，加盖，烧开后转小火煲 2 小时。

5　揭盖，调入盐、胡椒粉，再倒入枸杞点缀，挑去葱、姜，撒入香菜即可。

宫保鸡丁

2人份

烹饪时间　4分钟

[🛒 原料]

鸡胸肉 300克
黄瓜 80克
花生 50克
干辣椒 7克
蒜头 10克
姜片 .... 少许

[🧂 调料]

盐 5克
味精 2克
鸡粉 3克
料酒 3毫升
生粉、辣椒油、芝麻油、
食用油 .... 各适量

[🥄 做法]

1　鸡胸肉切1厘米厚的片，切条，切成丁；黄瓜切丁；蒜头切成丁。

2　鸡丁中加少许盐、味精、料酒、生粉、少许食用油拌匀，腌渍10分钟。

3　锅中加适量清水烧开，倒入花生，煮约1分钟，捞出，沥干水分。

4　热锅注油，烧至六成热，倒入花生，炸约2分钟至熟透，捞出，放入鸡丁，搅散，炸至转色即可捞出。

5　用油起锅，爆香大蒜、姜片，倒入干辣椒，炒香；倒入黄瓜，炒匀；加盐、味精、鸡粉，炒匀；倒入鸡丁，炒匀；加辣椒油、芝麻油，炒匀，翻炒片刻，倒入花生米即可。

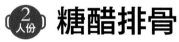

糖醋排骨

烹饪时间　5 分钟

[原料]

排骨....................350 克
白糖....................25 克
鸡蛋....................2 个
面粉....................50 克

[调料]

盐......................3 克
白醋....................10 毫升
食用油..................适量
生抽....................10 毫升
水淀粉..................10 毫升
老抽....................5 毫升

[做法]

1　排骨斩成段，洗净，沥干水分，盛入碗中，加入盐、生抽、老抽，拌匀，封上保鲜膜，腌渍 10 分钟至入味。

2　鸡蛋打入碗中，搅散；面粉倒入碗中，加入蛋液，搅匀；加入温开水，搅成面糊；将排骨放入面糊中裹匀。

3　热锅注油烧至五六成热，放入排骨，转小火炸约 2 分钟后捞出控油，稍

微冷却后回锅炸 1 分钟至颜色呈焦黄色，捞出。

4　锅底留油，加入少许温开水、白糖、白醋，不停搅拌至白糖溶化，加入水淀粉勾芡，即成糖醋汁。

5　倒入排骨，快炒让排骨均匀沾上糖醋汁，将菜肴盛入盘中即可。

自贡水煮牛肉

烹饪时间 10 分钟

[原料]

牛里脊 .... 300 克
平菇、黄豆芽 .. 各 150 克
鸡蛋清 .... 30 克
干辣椒、桂皮 ..... 各 6 克
花椒 .... 3 克
草果 .... 10 克
香叶 .... 1 克
大葱 .... 60 克
细葱、姜、蒜 ...... 各适量

[调料]

料酒 .... 1 毫升
生抽、白醋 ...... 各 3 毫升
白糖 .... 3 克
郫县豆瓣酱 .... 42 克
食用油、淀粉 ...... 各适量

[做法]

1 细葱切成葱花；黄豆芽洗净；牛肉切薄片；蒜部分剁蒜末，部分切片；姜部分切片，部分切丁；大葱切段。

2 平菇撕成丝；牛肉中加入鸡蛋清、生粉、料酒、生抽，腌渍 15 分钟。

3 热锅注油，烧至八成热，关火冷却1 分钟后放入干辣椒、花椒、炒香，捞出，将干辣椒切碎，花椒捻碎。

4 热油锅中放入桂皮、草果、香叶，炒香，放入姜片、蒜片、大葱段，炒香；将豆瓣酱倒入锅中，小火炒出红油，再注入清水，烧开后放入黄豆芽、平菇炒 2 分钟，食材装碗。

5 再放入白醋、盐、牛肉，煮 2 分钟，把牛肉浇在装有豆芽和平菇的碗中，铺入蒜末、花椒碎、干辣椒碎，再放上葱花，将热油浇在食材上。

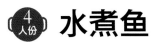

水煮鱼

烹饪时间　10分钟

[原料]

草鱼...................... 1 条
黄豆芽...................适量
小葱...................... 20 克
生姜...................... 30 克
大蒜...................... 30 克
鸡蛋...................... 1 个
干辣椒...................适量
花椒......................少许

[调料]

料酒...................10 毫升
盐、胡椒粉........各 3 克
鸡粉...................... 4 克
生粉...................... 5 克
豆瓣酱................... 30 克
花椒油...............20 毫升
白糖...................... 15 克
生抽、芝麻油...各 5 毫升
食用油...................适量

[做法]

1 生姜部分切片，部分切末；草鱼取鱼腩肉部分，鱼骨切小段，装盘，加盐、姜片、葱段、胡椒粉、鸡粉，倒入料酒，抓匀，腌渍后切开，厚薄适中。

2 在碗中撒入生粉、胡椒粉、鸡粉、料酒，打入蛋清，加食用油，腌渍10分钟；葱、干辣椒剪成小段。

3 油烧热，倒入干辣椒、蒜末、葱段、豆芽，加入鸡粉、生抽；捞出豆芽。

4 热锅注油烧热，放入姜末、蒜末、豆瓣酱、白糖，炒香，注入清水，煮出汤汁，将汤汁过滤掉料渣。

5 汤汁煮沸，放入鱼块，煮2分钟，捞出放在食材上；汤汁中加入鸡粉、生抽、芝麻油、花椒油，放入鱼片；撒上干辣椒、青花椒、葱段、蒜末，热锅注油烧至七成热，倒入食材上。

酸菜鱼

4 人份

烹饪时间　25 分钟

[原料]

草鱼.....................500 克
酸菜.....................200 克
生姜....................... 10 克
葱 .... 15 克
蒜瓣、葱..........各 15 克
珠子椒....................30 克
香菜......................... 2 克
白芝麻.....................少许
花椒......................... 2 克
蛋清.....................5 毫升
泡小米椒.............. 15 克

[调料]

生粉.................... 10 克
料酒.....................3 毫升
盐 .... 3 克
胡椒粉 .... 6 克
米醋.....................5 毫升
白糖、食用油......各适量

[做法]

1. 泡小米椒、酸菜、葱各切成段；生姜切片；蒜切成末；鱼身对半片开。

2. 将鱼骨与鱼肉分离，鱼骨斩段。片开鱼腩骨，切段，装碗中待用；再将鱼肉切成薄片，装入另一个碗中。

3. 在装有鱼片的碗中加入盐、料酒、蛋清，拌匀，再倒入生粉，充分搅拌均匀，腌渍 3 分钟入味。

4. 热锅注油，爆香姜片，放入鱼骨，加入泡小米椒、葱段、酸菜，注700 毫升清水，煮沸，放入珠子椒，续煮，盛出鱼骨和酸菜，汤底留锅中。

5. 鱼片放入锅中，放入盐、糖、胡椒粉、米醋，煮至鱼肉微微卷起、变色，捞入碗中，加入蒜末、花椒、白芝麻；另起锅注入少许油烧热，舀出浇入碗中，放入香菜即可。

毛血旺

烹饪时间　9 分钟

[🛢 原料]

鸭血....................450 克
牛肚....................500 克
鳝鱼....................100 克
黄花菜、
水发木耳..........各 70 克
莴笋....................50 克
火腿肠、豆芽....各 45 克
红椒末、姜片....各 30 克
干辣椒段..............20 克
葱段、花椒.........各少许

[🍶 调料]

高汤、料酒、豆瓣酱、盐、
味精、白糖、辣椒油、花
椒油、食用油......各适量

[🥄 做法]

1 牛肚切成小块；鳝鱼切小段；鸭血切小方块；莴笋切片；火腿肠切片。

2 锅中水烧热，倒入鳝鱼，淋入料酒，汆去血渍，捞出；倒入牛肚，汆熟，捞出；倒入鸭血煮至熟，捞出。

3 炒锅注油烧热，倒入红椒末、姜片、葱白煸炒香，加入豆瓣酱拌炒匀。

4 注入适量高汤，焖煮约 5 分钟，加盐、味精、白糖，淋入少许料酒。

5 倒入黄花菜、木耳、豆芽、火腿肠、莴笋，拌匀煮熟，将材料捞出；再将毛肚、鳝鱼、鸭血放入锅中煮熟。

6 另起锅烧热，倒入辣椒油、花椒油、干辣椒段、花椒，炒香，倒在碗中，撒上葱段、浇上少许热油即可。

 金汤肥牛

烹饪时间 3 分钟

[🥛 原料]

熟南瓜 .... 300 克
肥牛卷 .... 200 克
朝天椒圈 ....少许

[🍶 调料]

盐、味精、鸡粉、水淀粉、
料酒 .... 各适量

[🥄 做法]

1　熟南瓜装入碗内，加少许清水，将
　南瓜压烂拌匀，滤出南瓜汁备用。

2　锅中加清水烧开，倒入肥牛卷拌匀，
　煮沸后捞出。

3　起油锅，倒入肥牛卷，加入料酒，
　炒香。

4　倒入南瓜汁，加盐、味精、鸡粉
　调味，加入水淀粉勾芡，淋入熟
　油拌匀。

5　烧煮约 1 分钟至入味，盛出装盘，
　用朝天椒点缀即可。

口水鸡

4 人份

烹饪时间　17 分钟

[🝆 原料]

全鸡................1000 克
八角......................2 个
油炸花生米...........40 克
生姜.....................40 克
大蒜.....................30 克
小葱.....................15 克
桂皮.......................4 克

[🝆 调料]

老抽、生抽......各 5 毫升
白芝麻...................5 克
花椒油................10 毫升
芝麻油.................5 毫升
辣椒油.................4 毫升
鸡粉.......................2 克
盐 ....3 克

[🥄 做法]

1　小葱部分切葱花，剩下的打结；大蒜切末；生姜部分切片，剩下切末。

2　鸡爪去除趾甲，将其塞入腹部定型，将姜片、葱结放入鸡腹中，去腥味。

3　热锅注水，烧热，放入全鸡，加入盐、八角、桂皮，煮 10 分钟后将鸡肉取出放入碗中，放入冰块，冰镇 3 分钟。

4　将鸡肉取出沥干水；花生米用刀压碎，去皮备用；将鸡从中间切开，取出姜片、葱段，将鸡肉切成小块。

5　往盛有蒜末的碗中放入盐、白糖、白芝麻、胡椒粉、鸡粉、花生碎、生抽、辣椒油、老抽、花椒油、凉开水、芝麻油、葱花，拌匀，制成酱汁，淋在鸡肉上。

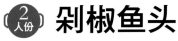

剁椒鱼头

2人份

烹饪时间　13分钟

[原料]

鲢鱼头 .... 450 克
剁椒 .... 130 克
葱花、葱段、蒜末、姜末、
姜片 .... 各适量

[调料]

盐 .... 2 克
味精、蒸鱼豉油、
料酒 .... 各适量

[做法]

1　鱼头洗净，切成相连的两半，在鱼肉上划上一字刀花。

2　用适量料酒抹匀鱼头，鱼头内侧再抹上盐和味精。

3　将剁椒、姜末、蒜末装入碗中，加少许盐、味精抓匀。

4　将调好味的剁椒铺在鱼头上；将鱼头翻面，再铺上剁椒，再放上葱段和姜片腌渍入味。

5　蒸锅注水烧开，放入鱼头，大火蒸熟；取出鱼头，挑去姜片和葱段，淋上蒸鱼豉油，撒上葱花。

6　另起锅，倒入少许油烧热，将热油浇在鱼头上即可。

洞庭金龟

烹饪时间　125 分钟

[🥄 原料]

乌龟块 .... 700 克
五花肉块 .... 200 克
姜片 .... 60 克
水发香菇 .... 50 克
葱条 .... 40 克
香菜 .... 25 克
干辣椒、桂皮、
八角 .... 各少许

[🧂 调料]

盐、鸡粉 .... 各 3 克
胡椒粉 .... 少许
生抽 .... 10 毫升
料酒 .... 40 毫升
食用油 .... 适量

[🥄 做法]

1 香菇切小块；香菜切末，备用。

2 锅中注入水烧开，倒入乌龟块，淋入少许料酒，煮沸，氽去血渍，捞出氽煮好的材料，沥干水分，待用。

3 用油起锅，放入五花肉块，用中火炒匀，至其变色，撒上姜片，倒入香菇，再放入葱条，炒匀，转大火，倒入干辣椒、桂皮、八角，爆香。

4 放入乌龟块，炒干水汽，转中火，淋上少许料酒、生抽，炒匀；注水，用大火煮约 2 分钟，至汤汁沸腾。

5 撇去浮沫，加盐、鸡粉，略煮片刻，将材料连汤汁一起装入砂煲中。

6 砂煲置于旺火上，煮沸后用小火炖煮约 2 小时，至食材熟透，取下砂煲，拣去葱条，撒上少许胡椒粉，佐以香菜末即可。

左宗棠鸡

烹饪时间　1分30秒

[🍳 原料]

鸡腿..................250 克
鸡蛋......................1 个
姜片、干辣椒、蒜末、
葱花...................各少许

[🧂 调料]

辣椒油.................5 毫升
鸡粉......................3 克
盐.........................3 克
白糖......................4 克
料酒.................10 毫升
生粉.....................30 克
白醋、食用油......各适量

[🥄 做法]

1　处理干净的鸡腿切开，去除骨头，再切成小块，装入碗中，放入少许盐、鸡粉、料酒，再加入蛋黄，搅拌片刻，倒入生粉，搅匀。

2　热锅注油，烧至六成热，倒入鸡肉，快速搅散，炸至金黄色，将炸好的鸡肉捞出，沥干油，待用。

3　锅底留油，爆香蒜末、姜片、干辣椒，倒入鸡肉，淋入料酒，炒匀提鲜。

4　加入辣椒油、盐、鸡粉、白糖，翻炒片刻，淋入少许白醋，倒入葱花。

5　持续翻炒片刻，使其更入味。

6　将炒好的鸡肉盛出，装入碗中即可。

毛家红烧肉

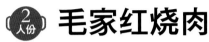

烹饪时间　45 分钟

[原料]

五花肉 .... 750 克
西蓝花 .... 150 克
干辣椒 .... 5 克
姜片、大蒜、草果、八角、
桂皮 .... 各适量

[调料]

盐 .... 5 克
味精 .... 3 克
老抽 .... 2 毫升
红糖 .... 15 克
白酒 .... 10 毫升
白糖 .... 10 克
豆瓣酱 .... 25 克
料酒、食用油 ...... 各适量

[做法]

1　锅中注水，放入洗净的五花肉，大火煮约15 分钟至熟，捞出煮熟的五花肉。

2　洗净的大蒜切成片；洗净的西蓝花切成朵；将煮好的五花肉切成约 3 厘米的方块修平整。

3　锅中另注水烧开，加入食用油和盐，倒入西蓝花，焯煮约 1 分钟至熟，捞出煮好的西蓝花。

4　炒锅注油烧热，加入白糖，炒至溶化，爆香八角、桂皮、草果、姜片，再倒入蒜片，放入五花肉块,炒匀。

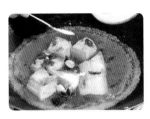

5　加入料酒、豆瓣酱，放入干辣椒，倒入清水，加盐、味精、老抽、红糖，淋入白酒，小火焖 40 分钟至熟。

6　转大火，炒片刻后将部分西蓝花摆入盘内，再摆入红烧肉，再将剩余的西蓝花摆入，浇上汤汁即成。

 腊味合蒸

烹饪时间　1 小时

[原料]

腊鸡肉 ....300 克
腊肉、腊鱼 .....各 250 克
生姜片 ....10 克
葱白、葱花 ....各 3 克

[调料]

鸡汤、味精、白糖、
料酒 ....各适量

[做法]

1　锅中加适量清水烧开，放入腊肉、腊鱼、腊鸡。

2　加盖焖煮 15 分钟，去除杂质和油异味，取出腊味，待冷却。

3　将腊肉切片，腊鱼切片，腊鸡切块，装入碗内。

4　腊味加入味精、白糖、料酒、鸡汤，撒上姜片和葱白。

5　腊味转到蒸锅，加盖中火蒸 1 小时至熟软。

6　取出腊味，倒扣入盘内，撒上葱花即成。

口味虾

烹饪时间 8分钟

[原料]

小龙虾 .... 500 克
紫苏叶 .... 45 克
干辣椒 .... 30 克
姜片 .... 15 克
葱段、花椒、
桂皮、八角 .... 各适量

[调料]

盐 .... 3 克
味精 .... 2 克
料酒 .... 3 毫升
辣椒油、豆瓣酱、辣椒酱、
胡椒粉、食用油 .. 各适量

[做法]

1 将小龙虾从虾尾抽去虾线，放在碗
   中备用；洗净的紫苏叶切成小片。

2 汤锅置旺火上，倒入清水，放入小
   龙虾，氽煮至断生；捞出沥干水分。

3 炒锅注油烧热，倒入姜片、葱段爆
   香，再放入干辣椒、桂皮、八角、
   花椒，煸炒出香味，倒入少许豆瓣
   酱，翻炒均匀。

4 加入辣椒酱，拌炒匀，倒入小龙虾，
   翻炒入味，淋入料酒，转小火，加
   盐调味。

5 注入适量清水，收拢食材，用中火
   焖煮约 5 分钟至入味，揭开盖，放
   入洗净的紫苏叶，炒至断生。

6 放入少许味精、胡椒粉，淋少许辣
   椒油，拌炒均匀，出锅盛入干锅。

熏腊肉炒杏鲍菇

2人份

烹饪时间　2分10秒

[🏷 原料]

腊肉.................. 100克
杏鲍菇 120克
姜片、蒜末、
葱段.................. 各少许

[📋 调料]

盐 3克
蚝油...................... 5克
鸡粉...................... 2克
胡椒粉、水淀粉、食用油
.... 各适量

[🥄 做法]

1　将腊肉切块，改切片；洗净的杏鲍菇对半切开，切段，改切片。

2　锅中注入适量清水烧开，放入杏鲍菇，放少许盐，焯煮约半分钟至断生，把杏鲍菇捞出待用。

3　用油起锅，放入腊肉，炒香；加入姜片、蒜末，炒均匀；放入蚝油，加入杏鲍菇，炒匀。

4　放盐、鸡粉、胡椒粉，炒匀调味，放入葱段，加水淀粉勾芡，将炒好的菜肴盛出装盘即可。

农家小炒肉

（3人份）

烹饪时间　5.5分钟

[原料]

五花肉 .... 150 克
青椒 .... 60 克
红椒 .... 15 克
蒜苗 .... 10 克
豆豉、姜片、蒜末、葱段
.... 各少许

[调料]

盐 .... 3 克
味精 .... 2 克
豆瓣酱、老抽、水淀粉、
料酒、食用油 ...... 各适量

[做法]

1 洗净的青椒切圈；洗净的红椒切成圈；洗净的蒜苗切2厘米长的段；洗净的五花肉切条，切成片。

2 用油起锅，倒入五花肉，炒约1分钟至出油，加入少许老抽、料酒，炒香。

3 倒入豆豉、姜片、蒜末、葱段，炒约1分钟，加入适量豆瓣酱，翻炒匀。

4 倒入青椒、红椒、蒜苗，加盐、味精，炒匀；加水，煮约1分钟，加入水淀粉，炒匀，盛出装盘即成。

湘西外婆菜

3 人份

烹饪时间　3 分钟

[原料]

外婆菜 .... 300 克
青椒 .... 1 个
红椒 .... 1 个
朝天椒、蒜末 ...... 各少许

[调料]

盐 .... 3 克
鸡粉 .... 3 克
食用油 .... 适量

[做法]

1 将洗净的朝天椒去蒂，切成圈；洗好的红椒切去头尾，对半切开，去籽，切成条，改切小块。

2 洗净的青椒切开去籽，再切条，改切成粒，备用。

3 用油起锅，放入蒜末，炒香，放入朝天椒、青椒、红椒，炒香。

4 倒入外婆菜，炒匀，加适量盐、鸡粉，炒匀，关火后盛出炒好的食材，装入盘中即可。

手撕包菜

3人份

烹饪时间 3 分钟

[🍶 原料]

包菜.....................300 克
蒜末.....................15 克
干辣椒.....................少许

[🍱 调料]

盐..........................3 克
味精.....................2 克
鸡粉、食用油......各适量

[🥄 做法]

1 将包菜的菜叶撕成片。

2 炒锅置旺火上，注入食用油，烧热后倒入蒜末爆香，再倒入洗好的干辣椒炒香。

3 倒入包菜，翻炒均匀，淋入少许清水，继续炒 1 分钟至熟软。

4 加入盐、鸡粉、味精翻炒至入味，盛入盘中，摆好盘即成。

攸县香干炒腊肉

3 人份

烹饪时间　3 分钟

[原料]

攸县香干.............350 克
腊肉.................200 克
红椒..................15 克
姜片、蒜末、
葱白.................各少许

[调料]

盐.......................2 克
鸡粉、生抽、豆瓣酱、
料酒、水淀粉、
食用油...............各适量

[做法]

1　将香干切成片; 洗净的腊肉切成片;
　　红椒切成片。

2　锅中加入清水, 大火烧开, 倒入腊
　　肉, 煮 1 分钟, 去除部分盐分, 将
　　煮好的腊肉捞出备用。

3　热锅注油, 烧至五成热, 倒入香干,
　　滑油片刻后捞出备用。

4　锅留底油, 倒入姜片、蒜末、葱白
　　爆香, 倒入切好的红椒, 再倒入腊
　　肉炒匀。

5　淋入料酒, 拌炒一会, 倒入滑过油
　　的香干, 加入盐、鸡粉、生抽、豆
　　瓣酱, 炒匀调味。

6　锅中倒入清水, 拌炒; 用水淀粉勾
　　芡, 快速拌炒匀, 盛出装盘即可。

菜一格

—— 念念不忘的家常川菜

人们爱吃川菜，因为它"麻"得过瘾、"香"得够劲，在调味上堪称一绝，素有"一菜一格，百菜百味"之称，即便是最家常的菜谱在蜀都人的手中，都能表现为独特的"川"式风情。

尖椒烧猪尾

烹饪时间　18分钟

[🏷 **原料**]

猪尾..................300 克
青、红尖椒 ....各 60 克
姜片、蒜末、
葱白................. 各少许

[🍚 **调料**]

蚝油、老抽、味精、
盐、白糖、料酒、水淀粉、
辣椒酱 .... 各适量

QRcode
扫一扫，看视频

[🥄 **做法**]

1 将猪尾斩块；青椒、红椒各切片。

2 锅中倒入适量清水，加入料酒烧开，再倒入猪尾，氽至断生后捞出。

3 起油锅，放入姜片、蒜末、葱白煸香，再放入猪尾，加料酒炒匀，再倒入蚝油、老抽拌炒匀，加入少许清水，加盖用小火焖煮 15 分钟。

4 揭盖，加入辣椒酱拌匀，焖煮片刻，加入味精、盐、白糖炒匀调味。

5 倒入青、红椒片拌炒匀，用水淀粉勾芡，淋入熟油，拌炒均匀，出锅盛入盘中即成。

豆香肉皮

 2人份

烹饪时间 3分钟

[🍖 原料]

猪皮.................... 150 克
熟黄豆 .... 150 克
青椒丝、红椒丝、
葱白.................... 各少许

[🧂 调料]

盐、白糖、味精、
料酒、蚝油、水淀粉、
糖色.................... 各适量

[🥄 做法]

1 锅中倒入适量清水，放入猪皮氽熟，捞出猪皮，装入盘中，用糖色抹匀。

2 热锅注油，烧至四五成热，放入猪皮，炸至金黄色捞出，将炸好的猪皮切丝。

3 热锅注油，倒入黄豆、葱白翻炒，再倒入猪皮、青椒、红椒拌炒熟。

4 加盐、白糖、味精、料酒、蚝油拌匀调味，加少许水淀粉勾芡。

5 淋入少许熟油拌炒匀，继续在锅中翻炒片刻至入味，出锅盛盘即可。

2 人份 **酸辣土豆丝**

烹饪时间　3分钟

[🥄 原料]

土豆.......1个（400克）
干辣椒.....................4个
葱.........................10克
蒜瓣.......................3个

[🧂 调料]

盐...........................3克
鸡粉.......................3克
白醋.....................6毫升

[🥄 做法]

1 土豆削皮，洗净后切薄片，再切成细丝，放入水中浸泡5分钟可防止氧化，并去除部分淀粉。

2 干辣椒切段；葱切成段；蒜瓣切末。

3 土豆丝沥干水后放入沸水锅中焯水30秒；捞起，用冷水冲凉，使土豆丝口感更脆。

4 热锅注油，放入蒜末、干辣椒，爆香。

5 放入土豆丝，快速翻炒均匀。

6 加入盐、鸡粉、葱段，炒匀调味，加入白醋，快炒匀入味，出锅盛盘即可。

干锅土豆鸡

烹饪时间　30分钟

[原料]

鸡腿..........................1个
土豆片.....................适量
蒜薹..........................1小把
干辣椒.....................适量
蒜瓣..........................几颗
姜...............................适量
花椒..........................适量
香菜..........................几根

[调料]

蚝油.....................1大勺
盐、料酒............各适量
鸡粉.....................2克
生抽.....................3毫升
辣椒油、食用油 .. 各适量

[做法]

1 洗净的鸡腿斩成小块装入碗中，加入适量料酒，搅拌均匀，腌渍片刻。

2 蒜薹切段；姜切片；蒜瓣切片；干辣椒切小段；洗净的香菜切成段。

3 热锅注油烧热，倒入蒜薹，翻炒片刻，盛出装入碗中，待用。

4 锅中注油烧热，倒入准备好的土豆片，滑油片刻后盛出装入碗中。

5 锅底留油，倒入腌渍好的鸡肉，翻炒至变色，再倒入姜片、蒜片、干辣椒、花椒粒，炒匀炒香。

6 加入生抽、蚝油、辣椒油，再加入鸡粉，倒入土豆片、蒜薹，炒匀；将食材装入干锅，放上香菜即可。

豆瓣鲫鱼

烹饪时间 4 分钟

[原料]

鲫鱼....................300 克
姜丝、蒜末、
干辣椒段、葱段 .. 各少许

[调料]

豆瓣酱................100 克
盐..........................2 克
料酒、胡椒粉、生粉、
芝麻油、食用油 .. 各适量

[做法]

1 在处理干净的鲫鱼两侧切上一字花刀，放入盘中，撒上盐，淋入少许料酒，涂抹均匀，再撒上生粉，抹匀，腌渍入味。

2 锅中倒入食用油，烧至五六成热，放入鲫鱼，炸至皮酥，捞出沥油。

3 油锅烧热，倒入姜丝、蒜末、干辣椒段炒香。

4 倒入豆瓣酱和适量清水，再放入炸好的鲫鱼，拌匀，盖上锅盖，用小火煮至入味。

5 将鲫鱼盛入盘中，留汤汁备用。

6 待汤汁烧热，撒上胡椒粉，淋入芝麻油，放入葱段，拌炒均匀，将汤汁浇在鱼身上即成。

椒香肉片

烹饪时间　2 分 30 秒

[原料]

猪瘦肉 .... 200 克
白菜 .... 150 克
红椒 .... 15 克
桂皮、花椒、八角、
干辣椒、姜片、
葱段、蒜末 .... 各少许

[调料]

生抽 .... 4 毫升
豆瓣酱 .... 10 克
鸡粉 .... 4 克
盐 .... 3 克
陈醋 .... 7 毫升
水淀粉 .... 8 毫升
食用油 .... 适量

[做法]

1. 红椒切段；白菜切去根部，再切成段；猪瘦肉切成薄片。

2. 将猪肉片装入碗中，加少许盐、鸡粉、水淀粉，搅匀，倒入适量食用油，腌渍约 10 分钟，至食材入味。

3. 热锅注油，烧至四成热，倒入肉片，搅散，滑油半分钟至肉片变色，将滑油好的肉片捞出，沥干油，备用。

4. 锅底留油，爆香葱段、蒜末、姜片，撒入红椒、桂皮、花椒、八角、干辣椒，炒香，放入白菜，炒至变软。

5. 注入适量清水，快速炒匀，放入肉片，翻炒匀；淋入生抽，再加入豆瓣酱、鸡粉、盐、陈醋，炒匀调味。

6. 倒入水淀粉勾芡，续炒片刻，使其更入味，将菜肴盛出装入盘中即可。

干煸肥肠

3人份

烹饪时间 3分钟

[原料]

熟肥肠 .... 200 克
洋葱 .... 70 克
干辣椒 .... 7 克
花椒 .... 6 克
蒜末、葱花 .... 各少许

[调料]

鸡粉 .... 2 克
盐 .... 2 克
辣椒油 .... 适量
生抽 .... 4 毫升
食用油 .... 适量

[做法]

1. 将洗净的洋葱切成小块；把肥肠切成段。

2. 锅中注入适量食用油，烧至五成热，倒入洋葱块，拌匀，捞出洋葱，沥干油，待用。

3. 锅底留油烧热，爆香蒜末、干辣椒、花椒；放入少许油，倒入切好的肥肠，炒匀；淋入少许生抽，炒匀。

4. 放入炸好的洋葱块，加入鸡粉、盐、辣椒油，拌匀。

5. 撒上葱花，炒出香味，关火后盛出炒好的菜肴即可。

川辣红烧牛肉

3 人份

烹饪时间　30 分钟

[原料]

卤牛肉	200 克
土豆	100 克
大葱	30 克
干辣椒	10 克
香叶	4 克
八角、蒜末、葱段、姜片	各少许

[调料]

生抽	5 毫升
老抽	2 毫升
料酒	4 毫升
豆瓣酱	10 克
水淀粉、食用油	各适量

[做法]

1. 将卤牛肉切条形，再切成小块；大葱用斜刀切段；土豆切片，再切成大块。

2. 热锅注油，烧至四成热，倒入土豆，拌匀，炸半分钟，至其呈金黄色，捞出炸好的土豆，沥干油，待用。

3. 锅底留油烧热，倒入干辣椒、香叶、八角、蒜末、姜片，炒香，放入卤牛肉，炒匀。

4. 加入适量料酒、豆瓣酱，炒香，放入生抽、老抽，炒匀上色；注入适量清水，盖上盖，煮 20 分钟，至其入味。

5. 揭盖，倒入土豆、葱段，炒匀；盖上盖，用小火续煮 5 分钟至食材熟透。

6. 揭盖，拣出香叶、八角，倒入水淀粉勾芡，关火后盛出菜肴即可。

沸腾虾

2人份

烹饪时间 3 分钟

[🥄 原料]

基围虾 .... 300 克
干辣椒 .... 10 克
花椒 .... 7 克
蒜末、姜片、
葱段 .... 各少许

[🍯 调料]

盐、味精、鸡粉、
辣椒油、豆瓣酱 .. 各适量

扫一扫，看视频

[🥄 做法]

1 将已洗净的虾切去头须、虾脚。

2 用油起锅，倒入蒜末、姜片、葱段、干辣椒、花椒爆香，再加入豆瓣酱炒匀。

3 倒入适量清水，放入辣椒油，再加入盐、味精、鸡粉调味。

4 倒入虾，约煮 1 分钟至熟；将虾快速翻炒片刻，盛出装盘即可。

干煸四季豆

2 人份

烹饪时间　3 分钟

[🧂 原料]

四季豆................300 克
干辣椒...................3 克
蒜末、葱白.........各少许

[🧴 调料]

盐..........................3 克
味精.......................3 克
生抽、豆瓣酱、
料酒、食用油......各适量

[🥄 做法]

1　四季豆洗净切段。

2　热锅注油，烧至四成热，倒入四季豆，滑油片刻捞出。

3　锅底留油，倒入蒜末、葱白，再放入洗好的干辣椒爆香。

4　倒入滑油后的四季豆，加盐、味精、生抽、豆瓣酱、料酒，翻炒入味，盛出装盘即可。

麻辣牛肉豆腐

烹饪时间　4分30秒

[原料]

牛肉................... 100 克
豆腐.....................350 克
红椒..................... 30 克
辣椒面.................. 20 克
花椒粉.................. 10 克
姜片、葱花......... 各少许

[调料]

盐 .... 4 克
鸡粉...................... 2 克
豆瓣酱.................. 10 克
料酒..................5 毫升
老抽..................5 毫升
水淀粉................8 毫升
食用油.................适量

[做法]

1　豆腐切成厚片，再切成条，改切成小块；红椒去籽，切粒；牛肉切条，再切成丁，剁成肉末。

2　锅中注入适量清水烧开，放入少许盐，倒入切好的豆腐块，搅匀，去除其酸味，捞出焯煮过的食材，沥干水分，备用。

3　炒锅中倒入适量食用油烧热，放入姜片，爆香；倒入牛肉末、红椒粒，翻炒片刻。

4　淋入料酒，炒匀提鲜；放入辣椒面、花椒粉，翻炒匀；倒入豆瓣酱、老抽，炒匀上色。

5　加入适量清水，倒入豆腐，放入适量盐、鸡粉，搅匀，煮2分钟至熟。

6　倒入少许水淀粉，用锅铲翻炒均匀，关火后盛出装入盘中，撒上葱花。

3人份

葱韭牛肉

烹饪时间 32 分钟

[🏷 原料]

牛腱肉 .... 300 克
南瓜 .... 220 克
韭菜 .... 70 克
小米椒 .... 15 克
泡小米椒 .... 20 克
姜片、葱段、
蒜末 .... 各少许

[🧂 调料]

鸡粉 .... 2 克
盐 .... 3 克
豆瓣酱 .... 12 克
料酒 .... 4 毫升
生抽 .... 3 毫升
老抽 .... 2 毫升
五香粉 .... 适量
水淀粉、冰糖 ...... 各适量

[🥄 做法]

1 锅中注水烧开，加入少许老抽、鸡粉、盐，放入牛腱肉，撒上五香粉，拌匀；烧开后用小火煮1小时至熟。

2 揭盖，取出煮好的食材，沥干水分，放凉待用。

3 将小米椒切圈，泡小米椒切碎；韭菜切段；南瓜切开，再切成小块；牛腱肉切片，改切成小块，备用。

4 用油起锅，爆香蒜末、姜片、葱段，倒入小米椒、泡椒，放入牛肉块。

5 淋入料酒，加入豆瓣酱、适量生抽、老抽、盐，炒匀；放入南瓜块，炒至变软；加入适量冰糖。

6 注水，加入鸡粉，拌匀；煮开后用小火续煮30分钟至其入味；倒入韭菜段，用水淀粉勾芡即可。

 牙签牛肉

4人份

烹饪时间 2分钟

[原料]

牛肉....................200 克
干辣椒.................15 克
花椒.....................5 克
葱........................15 克
生姜块.................30 克

[调料]

盐、味精、豆瓣酱、料酒、
水淀粉、花椒粉、孜然粉、
白芝麻...............各适量

[做法]

1 牛肉切薄片；生姜切末；葱切葱花。

2 葱和生姜装入碗中，倒入少许料酒，挤出汁，倒在牛肉片上，加少许盐、味精、水淀粉拌匀，腌 10 分钟。

3 用竹签将牛肉串成波浪形，装盘。

4 热锅注油，烧至六成热，倒入牛肉，炸约 1 分钟至熟，捞出。

5 锅留底油，倒入花椒、干辣椒炒出辣味，再放入姜末煸香；加入豆瓣酱，倒入牛肉，撒入孜然粉、花椒粉。

6 将牛肉翻炒均匀，出锅装入盘中，撒上白芝麻、葱花即可。

4人份 ## 冬菜腐乳扣肉

烹饪时间　120 分钟

[**原料**]

熟五花肉............250 克
生菜...................80 克
冬菜...................60 克
腐乳...................40 克
花椒粒.................10 克
姜片、葱段、
八角..................各少许

[**调料**]

老抽...................2 毫升
生抽...................5 毫升
料酒...................4 毫升

[**做法**]

1　备好的熟五花肉切成片；洗好的生菜切去梗部。

2　取一个碗，倒入五花肉、八角、花椒粒、姜片、葱段、腐乳、料酒、生抽、老抽，搅拌匀，腌渍10分钟。

3　再取一个碗，将五花肉整齐地摆放在其中，倒入备好的冬菜，待用。

4　电蒸锅注水烧开，放入五花肉，盖上盖，调转旋钮定时蒸2小时。

5　掀开盖，将蒸好的五花肉取出。

6　备一个盘子，摆放入生菜叶，将五花肉倒扣在盘中，放至微凉，再将五花肉转移到装有生菜叶的盘中即可。

辣炒鸭舌

烹饪时间　1分30秒

[原料]

鸭舌.................. 180 克
青椒.................... 45 克
红椒.................... 25 克
姜末、蒜末、
葱段.................. 各少许

[调料]

料酒.................. 18 毫升
生抽.................. 10 毫升
生粉.................... 10 克
豆瓣酱.................. 10 克
食用油.................. 适量

[做法]

1　洗净的红椒、青椒分别切开，去籽，切小块。

2　锅中注入适量清水烧开，倒入洗好的鸭舌；淋入料酒，搅拌均匀，汆去血水，将汆煮好的鸭舌捞出，沥干水分，待用。

3　将鸭舌装入碗中，放入生抽，搅拌片刻，加入适量生粉，搅拌均匀。

4　热锅注油，烧至五成热，倒入鸭舌，搅散，炸至金黄色，将炸好的鸭舌捞出，沥干油，备用。

5　用油起锅，放入姜末、蒜末、葱段，爆香；倒入青椒、红椒，翻炒片刻。

6　放入鸭舌，加入豆瓣酱、生抽、料酒，快速翻炒片刻，至其入味；将炒好的菜肴盛出，装入碗中即可。

②人份 山椒泡萝卜
烹饪时间 7 天

[🍶 原料]

白萝卜 .... 300 克
泡椒 .... 50 克

[🧂 调料]

盐 .... 30 克
白酒 .... 15 毫升
白糖 .... 10 克

[🥄 做法]

1　把去皮洗净的白萝卜切成段，再切成厚片，改成条形，盛入碗中。

2　加入盐、白糖，淋入少许白酒，搅拌至白糖溶化。

3　倒入泡椒，拌匀，注入约 200 毫升矿泉水，搅拌匀。

4　取一个干净的玻璃罐，盛入拌好的白萝卜，倒入碗中的汁液；盖上瓶盖，置于阴凉干燥处，浸泡 7 天。（适温 5 ~ 16℃）

5　取出腌好的泡菜，摆好盘即可。

板栗辣子鸡

烹饪时间　6分钟

[原料]

鸡肉..................300克
蒜苗..................20克
青椒、红椒......各20克
板栗..................100克
姜片、蒜末、
葱白..................各少许

[调料]

盐..........................5克
味精......................2克
鸡粉......................2克
辣椒油..............10毫升
生粉、生抽、料酒、辣椒酱、
食用油..............各适量

[做法]

1 将青椒、红椒各切成片；蒜苗切成段；鸡肉斩成块。

2 鸡块装入碗中，加少许盐、生抽、鸡粉、料酒、生粉拌匀，腌渍10分钟入味。

3 锅中倒水，大火烧开，放入洗净的板栗，加少许盐；加盖，煮约10分钟至熟；揭盖，将板栗捞出备用。

4 用油起锅，倒入姜片、蒜末、葱白、蒜苗梗爆香；倒入鸡块，拌炒匀；加入少许料酒，炒香。

5 倒入约300毫升清水，放入板栗拌炒匀，煮沸；加入辣椒酱，炒匀；加入辣椒油、盐、味精，炒匀调味。

6 小火焖煮3分钟，使鸡肉入味；倒入青椒、红椒、蒜叶拌炒；用水淀粉勾芡，大火收干汁，盛入盘中即可。

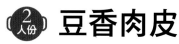

豆香肉皮

烹饪时间　3分钟

2人份

[🥄 **原料**]

猪皮.....................150 克
熟黄豆...............150 克
青椒丝、红椒丝、
葱白.....................各少许

[🧂 **调料**]

盐、白糖、味精、料酒、
蚝油、水淀粉、
糖色.....................各少许

[🥄 **做法**]

1　锅中倒入适量清水，放入猪皮氽熟。捞出猪皮，装入盘中，抹匀糖色。

2　热锅注油，烧至四五成热，放入猪皮，炸至金黄色捞出，切丝，备用。

3　热锅注油，倒入黄豆、葱白翻炒，再倒入猪皮、青椒、红椒拌炒熟。

4　加盐、白糖、味精、料酒、蚝油，拌匀调味。

5　加少许水淀粉勾芡，淋入少许熟油拌炒匀。

6　继续在锅中翻炒片刻至入味，出锅盛盘即可。

麻酱冬瓜

2人份

烹饪时间　6分钟

[原料]

冬瓜.....................300 克
红椒、葱条、
姜片.....................各少许

[调料]

盐...........................2 克
鸡粉、料酒、芝麻酱、
食用油...............各适量

[做法]

1　将去皮洗净的冬瓜切块，再把部分姜片切成末，洗净的红椒切成粒；取部分葱条切成葱花。

2　热锅注油烧热，倒入冬瓜，滑油片刻后捞出。

3　锅留底油，倒入葱条、姜片，加入适量料酒、清水、鸡粉、盐。

4　再倒入冬瓜煮沸，捞出煮好的冬瓜备用。

5　将冬瓜放入蒸锅，大火蒸 2 ~ 3 分钟至熟软，取出蒸软的冬瓜。

6　热锅注油，倒入红椒粒、姜末、葱花煸香，再倒入冬瓜炒匀；倒入少许芝麻酱拌炒均匀，盛入盘中，撒上葱花即可。

啤酒鸭火锅

烹饪时间 20 分钟

[🛢 原料]

片鸭.....................800 克
啤酒..................330 毫升
八角........................ 2 个
陈皮、香叶、
花椒..................... 各适量
朝天椒、干辣椒 .. 各适量
蒜瓣、姜片 .... 各适量
葱 .... 2 根

[🧂 调料]

鸡粉、胡椒粉......各 5 克
老抽、料酒 ... 各 10 毫升
蚝油..................... 10 克
盐、豆瓣酱、
食用油 .... 各适量

[🥄 做法]

1 蒜瓣切片；葱切段；朝天椒切圈；干辣椒切段；片鸭斩成小块装入碗中，待用。

2 锅中注水大火烧开，倒入切好的鸭块，汆煮去除杂质。汆煮片刻后捞出沥干水分，装入碗中，待用。

3 食用油烧至五成热，放入姜片、蒜片、豆瓣酱、干辣椒、葱段，炒匀；再倒入花椒粒、朝天椒，炒香。

4 再倒入汆煮好的鸭块炒匀上色；淋入适量料酒，加八角、香叶、陈皮，翻炒片刻。

5 淋入老抽，加入盐、胡椒粉、蚝油，再加入适量鸡粉，炒匀；倒入啤酒，再加水，稍煮一会至熟。

6 关火后，将炒制好的食材盛出装入电火锅中，插上电源即可。

东坡墨鱼

2人份

烹饪时间 2分钟

[🍯 原料]

墨鱼...................300 克
蒜末、姜末、红椒末、
葱丝、葱段 ....各少许

[🧂 调料]

料酒、盐、生粉、
味精、白糖、陈醋、
生抽、老抽、豆瓣酱、
水淀粉、芝麻油、
食用油 ....各适量

[🥄 做法]

1　把墨鱼划开成两片，再切上一字花刀；豆瓣酱切碎；墨鱼放入盘中，加料酒、盐，拌匀，腌渍 3 ~ 5 分钟。

2　锅中倒入水烧热，放入墨鱼身、墨鱼须，汆至断生，捞出沥干水分。

3　墨鱼放入碗中，倒入生抽，拌匀；再撒上生粉，拌匀。

4　锅中注入油，烧至七成热，放入墨鱼身、墨鱼须，炸至金黄色，捞出。

5　倒油，烧热，煸炒香蒜末、姜末、红椒末、葱白；注水，放入陈醋、豆瓣酱，加入盐、味精、白糖、生抽、老抽，拌煮至沸。

6　用水淀粉勾芡，淋上芝麻油，制稠汁；墨鱼摆好，浇上汁，撒上葱即成。

肉酱焖土豆

2 人份

烹饪时间　7 分钟

[原料]

小土豆 .... 300 克
五花肉 .... 100 克
姜末、蒜末、
葱花 .... 各少许

[调料]

豆瓣酱 .... 15 克
盐、鸡粉 .... 各 2 克
料酒 .... 5 毫升
老抽、水淀粉、
食用油 .... 各适量

[做法]

1　五花肉切成片，剁成肉末。

2　用油起锅，倒入姜末、蒜末，大火
爆香；放入肉末，快速翻炒至转色。

3　淋入少许老抽，炒匀上色，倒入少
许料酒，炒匀；放入豆瓣酱，翻炒
匀；倒入已去皮的小土豆，翻炒匀。

4　注入适量清水，加入盐、鸡粉，拌
匀至入味，盖上盖，用小火焖煮约
5 分钟至食材熟透。

5　取下锅盖，用大火快速翻炒至汤汁
收浓，倒入少许水淀粉勾芡。

6　撒上葱花，将土豆盛出，装在盘中
即成。

五香粉蒸牛肉

烹饪时间 20 分钟

[🛒 **原料**]

牛肉.................. 150 克
蒸肉米粉.............. 30 克
蒜末、姜末、
葱花.................. 各 3 克

[🍶 **调料**]

豆瓣酱.................. 10 克
盐.......................... 3 克
料酒、生抽..... 各 8 毫升
食用油.................. 适量

QRcode

扫一扫，看视频

[🥄 **做法**]

1 将洗净的牛肉切片。

2 把牛肉片放入碗中，放入料酒、生抽、盐，撒上蒜末、姜末。

3 倒入豆瓣酱，拌匀，加入蒸肉米粉，拌匀。

4 注入食用油，拌匀，腌渍一会，再转到蒸盘中，摆好造型。

5 备好电蒸锅，烧开水后放入蒸盘，盖上盖，蒸约 15 分钟，至食材熟透。

6 断电后揭盖，取出蒸盘，趁热撒上葱花即可。

形味兼美

——地道绝色的家常湘菜

湘菜品种繁多，门类齐全。
就菜式而言，既有乡土风味的民间菜式、
经济方便的大众菜式，
也有讲究实惠的筵席菜式、
格调高雅的宴会菜式，
还有味道随意而充满乡土风情的家常菜式。

农家葱爆豆腐

2人份

烹饪时间 2分钟

[原料]

豆腐....................300 克
大葱....................35 克
红椒....................12 克
青椒....................10 克
姜片....................少许

[调料]

盐........................3 克
鸡粉、白糖........各少许
生抽....................4 毫升
水淀粉、食用油..各适量

QRcode

扫一扫，看视频

[做法]

1. 豆腐切长方块；大葱用斜刀切段；红椒、青椒分别切片。

2. 煎锅置火上，淋入少许食用油，烧至三四成热，放入豆腐块，晃动锅底，煎出香味。

3. 再翻转豆腐块，用小火煎约3分钟，至其呈金黄色；关火后盛出煎好的豆腐块，装入盘中，待用。

4. 用油起锅，放入姜片，爆香；倒入大葱段，放入青椒片、红椒片，炒匀。

5. 倒入煎好的豆腐块，炒匀，注入适量清水，略煮一会。

6. 加入少许盐、白糖、鸡粉，淋入少许生抽，炒匀，倒入水淀粉，炒至食材入味，关火后盛出炒好的菜肴，装入盘中即成。

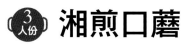

湘煎口蘑

烹饪时间 4 分钟

[原料]

五花肉 .... 300 克
口蘑 .... 180 克
朝天椒 .... 25 克
姜片、蒜末、葱段、
香菜段 .... 各少许

[调料]

盐、鸡粉、
黑胡椒粉 .... 各 2 克
水淀粉、
料酒 .... 各 10 毫升
辣椒酱、
豆瓣酱 .... 各 15 克
生抽 .... 5 毫升
食用油 .... 适量

[做法]

1 口蘑切成片；朝天椒切成圈；五花肉切成片。

2 锅中注入适量清水烧开，放入口蘑，拌匀，加入适量料酒，煮 1 分钟，将焯煮好的口蘑捞出，沥干水分，待用。

3 用油起锅，放入五花肉，翻炒匀，淋入适量料酒，炒香；将炒好的五花肉盛出，待用。

4 锅底留油，倒入口蘑，煎出香味来，放入蒜末、姜片、葱段，炒香；倒入五花肉，炒匀。

5 放入朝天椒、豆瓣酱、生抽、辣椒酱，炒匀；加入少许清水，炒匀；放入适量盐、鸡粉、黑胡椒粉，炒匀。

6 倒入水淀粉勾芡，关火后盛出炒好的菜肴，装入盘中，撒入香菜即可。

豆豉荷包蛋

烹饪时间　5分钟

鸡蛋...................... 3 个
蒜苗...................... 80 克
小红椒 .... 1 个
豆豉...................... 20 克
蒜末......................少许

[调料]

盐 .... 3 克
鸡粉...................... 3 克
生抽、食用油...... 各适量

QRcode
扫一扫，看视频

[做法]

1 小红椒切成小圈；蒜苗切段。

2 用油起锅，打入鸡蛋，翻炒，煎至成形，把煎好的荷包蛋放入碗中，按同样方法再煎2个荷包蛋。

3 锅底留油，放入蒜末、豆豉，炒香，加入切好的小红椒、蒜苗，炒匀。

4 放入荷包蛋，炒匀；加少许盐、鸡粉、生抽，炒匀；盛出荷包蛋，装盘即可。

剁椒佛手瓜丝

烹饪时间 2分钟

[🥗 原料]

佛手瓜 .... 120 克
剁椒 .... 35 克
姜片、蒜末、
葱段 .... 各少许

[🧂 调料]

盐、鸡粉 .... 各 2 克
水淀粉、食用油 .. 各适量

[🥄 做法]

1 将去皮的佛手瓜切成片，改切成粗丝，装在盘中，待用。

2 用油起锅，放入姜片、蒜末、葱段，用大火爆香；倒入备好的剁椒，炒香、炒透。

3 倒入切好的佛手瓜，快速翻炒片刻，至食材变软；加入盐、鸡粉，炒匀调味。

4 倒入少许水淀粉勾芡，翻炒至食材熟透、入味；关火后盛出食材，装在盘中。

腊肉鳅鱼钵

 4人份

烹饪时间　8分钟

[🔔 原料]

泥鳅.....................300 克
腊肉.....................300 克
紫苏...................... 15 克
剁椒.....................20 克
豆瓣酱...................20 克
葱段、姜片、
蒜片、青菜叶...... 各少许

[🎴 调料]

鸡粉........................ 2 克
白糖........................ 3 克
水淀粉、老抽、芝麻油、
食用油.............. 各适量

[🥄 做法]

1　腊肉切片；洗净的泥鳅切一字刀，切成段。

2　锅中注入适量清水烧开，倒入腊肉，汆煮片刻；关火后捞出汆煮好的腊肉，沥干水分，装入盘中备用。

3　锅中注油，烧至五成热，放入泥鳅，油炸片刻，至其成金黄色；关火，捞出沥干油，装入盘中。

4　锅底留油，倒入姜片、蒜片、剁椒、腊肉，倒入豆瓣酱、泥鳅，注水，大火焖 5 分钟至熟透。

5　揭盖，加入鸡粉、白糖、老抽，炒匀；倒入紫苏、葱段、水淀粉，翻炒均匀。

6　加入芝麻油，翻炒至入味，关火后，盛出炒好的菜肴，装入放有青菜叶的碗中即可。

辣椒炒茭白

烹饪时间　2分钟

[🫙 原料]

茭白.....................180 克
青椒、红椒.......各 20 克
姜片、蒜末、
葱段....................各少许

[🧂 调料]

盐...........................3 克
鸡粉.......................2 克
生抽、水淀粉、
食用油................各适量

[🥄 做法]

1　茭白切成片；青椒、红椒对半切开，去籽，切成小块。

2　锅中注水烧开，加入适量食用油、盐；放入切好的茭白、青椒、红椒，煮约半分钟至断生，将焯煮好的食材捞出，备用。

3　用油起锅，放入姜片、蒜末、葱段，爆香，倒入焯好的食材，拌炒匀。

4　加入适量盐、鸡粉、生抽，炒匀调味，倒入适量水淀粉。

5　将锅中食材拌炒均匀，把炒好的食材盛出，装入盘中即可。

西蓝花炒火腿

烹饪时间　1 分 30 秒

[🏷 **原料**]

西蓝花 .... 150 克
火腿肠 .... 1 根
红椒 .... 20 克
姜片、蒜末、
葱段 .... 各少许

[🫙 **调料**]

料酒 .... 4 毫升
盐 .... 2 克
鸡粉 .... 2 克
水淀粉 .... 3 毫升
食用油 .... 适量

[🥄 **做法**]

1　洗净的西蓝花切朵，再切成小块；
洗好的红椒斜切成小块；火腿肠切
成片。

2　锅中注入适量清水烧开，放入少
许食用油，倒入西蓝花，搅匀，
煮 1 分钟，把焯过水的西蓝花捞
出，备用。

3　用油起锅，倒入姜片、蒜末、葱段，
爆香，放入切好的红椒块；倒入切
好的火腿肠，炒香。

4　放入焯好的西蓝花，翻炒匀；淋入
料酒，放入盐、鸡粉，炒匀调味。

5　倒入适量水淀粉，将锅中食材翻炒
均匀，把炒好的菜肴盛出，装入盘
中即可。

 油辣冬笋尖

烹饪时间　2分钟

[原料]

冬笋.....................200 克
青椒.....................25 克
红椒..................... 10 克

[调料]

盐 .... 2 克
鸡粉..................... 2 克
辣椒油 ....6 毫升
花椒油 ....5 毫升
水淀粉、食用油 .. 各适量

[做法]

1 洗净去皮的冬笋切开，再切成滚刀块。

2 洗好的青椒、红椒切开，去籽，切成小块。

3 锅中注入清水烧开，加入少许盐、鸡粉、食用油，倒入冬笋块，煮约 1 分钟，去除涩味，捞出焯煮好的冬笋，备用。

4 用油起锅，倒入焯过水的冬笋块，翻炒匀，加入适量辣椒油、花椒油、盐、鸡粉，炒匀调味。

5 倒入青椒、红椒，炒至断生；淋入少许水淀粉，翻炒均匀至食材入味，关火后盛出炒好的食材，装入盘中。

红椒炒扁豆

烹饪时间　2分钟

[原料]

扁豆.....................150 克
大蒜..................... 15 克
红椒..................... 20 克

[调料]

料酒.....................4 毫升
盐 ....2 克
鸡粉 ....2 克
水淀粉 ....3 毫升
食用油 ....适量

[做法]

1　将择洗干净的扁豆切成丝；洗好的红椒去籽，切成丝；去皮洗净的大蒜切成片。

2　锅中注入适量食用油烧热，放入蒜片，用大火爆香；倒入切好的红椒、扁豆，翻炒均匀。

3　淋入适量料酒，炒出香味。

4　注入少许清水，翻炒几下，加入盐、鸡粉，炒匀调味。

5　淋入适量水淀粉，将锅中食材翻炒均匀，把炒好的菜盛出，装入盘中。

生爆水鱼

烹饪时间 3 分 30 秒

[原料]

甲鱼肉块............500 克
蒜苗....................20 克
水发香菇..............50 克
香菜....................10 克
姜片、蒜末、葱段、
辣椒面..............各少许

[调料]

盐........................2 克
鸡粉.....................2 克
白糖.....................2 克
老抽.....................1 毫升
生抽.....................4 毫升
料酒.....................7 毫升
食用油..................适量

[做法]

1. 蒜苗梗用斜刀切成段；蒜苗叶切长段；香菜切小段；香菇切小块。

2. 锅中注水烧开，倒入甲鱼肉块，拌匀，淋入少许料酒，煮约 1 分钟，氽去血渍，捞出氽煮好的甲鱼肉，沥干水分，待用。

3. 用油起锅，倒入姜片、蒜末、葱段，爆香，放入香菇块，翻炒均匀。

4. 倒入氽过水的甲鱼肉，拌炒匀，加入适量生抽、料酒，炒匀提味。

5. 撒上辣椒面，炒出香辣味，注入适量清水，加入少许盐、鸡粉、白糖、老抽，翻炒匀，略煮一会。

6. 倒入水淀粉，炒匀，大火收汁，放入蒜苗，炒至断生，关火后盛出菜肴，装入盘中，点缀上香菜即可。

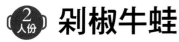

剁椒牛蛙

2人份

烹饪时间　5分钟

[原料]

牛蛙....................250 克
黄瓜....................120 克
红椒.....................40 克
剁椒....................适量
姜片、蒜末、
葱段..................各少许

[调料]

盐........................3 克
鸡粉.....................3 克
料酒、生抽........各少许
水淀粉、食用油..各适量

[做法]

1　黄瓜对半切开，再切条，去瓤，改切成段；红椒去蒂，对半切开，去籽，切小块。

2　将宰杀处理干净的牛蛙切去头部、爪部，再切块，放入盘中，备用。

3　锅中注入适量清水烧开，放入牛蛙，搅拌匀，汆去血水，将牛蛙捞出，盛入盘中，备用。

4　用油起锅，放入葱段、姜片、蒜末，爆香；放入剁椒，倒入汆过水的牛蛙，炒匀，淋入料酒，炒香。

5　放入切好的黄瓜、红椒，炒匀；加入少许盐、鸡粉、生抽，炒匀。

6　倒入适量水淀粉，搅拌匀，盛出炒好的菜肴，装入盘中即可。

红烧肉卤蛋

烹饪时间　32分30秒

[🎒 **原料**]

五花肉 ....500 克
鸡蛋 ....2 个
八角、桂皮、姜片、
葱段 ....各少许

[🧂 **调料**]

盐 ....3 克
鸡粉、白糖 ....各少许
老抽 ....2 毫升
料酒 ....3 毫升
生抽 ....4 毫升
食用油 ....适量

[🥄 **做法**]

1 锅中注水烧开，放入五花肉，氽除血渍，捞出沥干；放凉后切开，再改切块，待用。

2 另起锅，注水烧开，放入鸡蛋，煮至熟透。捞出鸡蛋，置于凉开水中，去除蛋壳，待用。

3 用油起锅，爆香八角、桂皮，撒姜片、葱白，倒入肉块，炒香，淋入料酒、生抽、老抽，炒匀，注水煮沸。

4 放入鸡蛋、盐、白糖，小火焖约30分钟，加鸡粉，大火收汁，撒葱叶，炒香，盛出菜肴装盘。

2人份

葱烧牛舌

烹饪时间 1分30秒

[🥄 **原料**]

牛舌..................... 150 克
葱段..................... 25 克
姜片、蒜末、
红椒圈............... 各少许

[🧂 **调料**]

盐 .... 3 克
鸡粉....................... 3 克
生抽.....................4 毫升
料酒.....................5 毫升
水淀粉、食用油 ..各适量

[🥄 **做法**]

1 锅中注水烧开，放入牛舌，搅匀，
煮约 2 分钟至其断生；捞出，沥干
水分，置于凉水中泡一会；捞出，
去掉牛舌表面的薄膜，再切成薄片。

2 把牛舌片放在碗中，淋入少许生抽，
加入少许鸡粉、盐，再倒入适量水
淀粉，拌匀；注入适量食用油，腌
渍约 10 分钟，至食材入味。

3 用油起锅，放入姜片、蒜末、红椒圈，
用大火爆香；倒入牛舌，翻炒匀。

4 淋入料酒，炒香、炒透，倒入生抽；
加入盐、鸡粉，翻炒一会，至全部
食材熟透。

5 撒上葱段，翻炒出葱香味，关火后
盛出炒好的菜肴，装在盘中即成。

萝卜干炒腊肠

烹饪时间　1分30秒

[🥗 原料]

萝卜干..................... 70 克
腊肠..................... 180 克
蒜薹..................... 30 克
葱花..................... 少许

[🧂 调料]

盐..................... 2 克
豆瓣酱、料酒、鸡粉、
食用油............... 各适量

[🥄 做法]

1　蒜薹、萝卜干切段；腊肠用斜刀切成片。

2　锅中注入清水烧热，倒入蒜薹、萝卜干，搅匀，煮约半分钟，至其断生；捞出，沥干水分。

3　用油起锅，倒入腊肠，炒至出油，放入蒜薹、萝卜干，炒匀。

4　加入豆瓣酱、料酒，炒香，放入少许鸡粉、盐，快速翻炒，关火后盛出食材，撒上葱花即可。

腊味家常豆腐

2人份

烹饪时间　9分钟

[原料]

豆腐.................200 克
腊肉.................180 克
干辣椒..............10 克
蒜末.................10 克
朝天椒..............15 克
姜片、葱段.........各少许

[调料]

盐、鸡粉.............各 1 克
生抽....................5 毫升
水淀粉................5 毫升
食用油.................适量

[做法]

1 豆腐切粗条；腊肉切片。

2 热锅注油，放入豆腐，煎约 4 分钟至两面焦黄，出锅。

3 锅留底油，倒入的腊肉，炒香；放入姜片、蒜末、干辣椒、朝天椒，炒匀，加入生抽，注入适量清水。

4 倒入豆腐，炒约 2 分钟，加入盐、鸡粉，翻炒至入味；用水淀粉勾芡，倒入葱段，炒至收汁。

湘西腊肉炒蕨菜

烹饪时间　7分钟

[🥄 原料]

腊肉....................200 克
蕨菜....................240 克
干辣椒、八角、
桂皮..................各适量
姜末、蒜末 ....各少许

[🧂 调料]

盐 ....2 克
鸡粉.......................2 克
生抽....................4 毫升
食用油...................适量

[🥄 做法]

1　将腊肉切成片；蕨菜切成段。

2　锅中注适量清水烧开，放入腊肉，汆去多余盐分，把腊肉捞出，沥干水分，待用。

3　用油起锅，放入八角、桂皮，炒香，放入干辣椒、姜末、蒜末，炒匀。

4　倒入腊肉，炒香；放生抽，炒匀；加入蕨菜，炒匀。

5　加适量清水，放少许盐，盖上盖子，中火焖 5 分钟；揭盖，放鸡粉，炒匀，将菜肴盛出装盘即可。

香辣白菜条

（2人份）

烹饪时间　4 天

[🍶 原料]

大白菜................200 克
红椒....................20 克
干辣椒、辣椒粉、
葱末..................各少许

[🧂 调料]

白醋..................50 毫升
盐......................20 克
白酒..................15 毫升

[🥄做法]

1 洗净的大白菜切成两段，再切成细条；洗净的红椒切去蒂，切段，切开，去籽，改切成细丝。

2 把切好的白菜放入碗中，倒入红椒丝，放入葱末、干辣椒，加入辣椒粉，再淋入少许白醋，撒上盐。

3 倒入凉开水，搅拌均匀至白菜入味。

4 取一个干净的玻璃瓶，放入拌好的大白菜，压紧压实，再倒入碗中剩余的泡汁，淋上少许白酒。

5 盖上瓶盖，扣严实，置于阴凉干燥处泡制 4 天（适温 10 ~ 16℃）。将腌好的泡菜取出，摆好盘即可。

豆豉剁辣椒

2人份

烹饪时间　7天

[🥄 原料]

红椒.....................100 克
豆豉.......................20 克
柠檬.........................1 个

[🧂 调料]

盐.........................20 克
白糖........................8 克

[🥄 做法]

1　柠檬切开，切成薄片，压挤出柠檬汁，待用。

2　红椒对半切开，切去蒂，去籽，切成丝，再切成粒，倒入碗中，倒入柠檬汁。

3　再放入豆豉，撒上盐，拌匀至盐溶化。

4　再倒入白糖，拌约1分钟至白糖溶化。

5　将拌好的食材盛入玻璃罐，倒入碗中的汁液，盖上瓶盖，放在避光阴凉处泡制7天。（适温 6 ~ 18℃）

6　取出泡好的食材即成。

野山椒末蒸秋刀鱼

烹饪时间 10 分钟

[原料]

净秋刀鱼............190 克
泡小米椒...............45 克
红椒圈.................15 克
蒜末、葱花.........各少许

[调料]

鸡粉........................2 克
生粉.....................12 克
食用油...................适量

[做法]

1 在秋刀鱼的两面都切上花刀，待用。

2 泡小米椒切碎，再剁成末，放入碗中，加入蒜末，放入鸡粉、生粉。

3 再注入适量食用油，拌匀，制成味汁，待用。

4 取一个蒸盘，摆上秋刀鱼，放入备好的味汁，铺匀，撒上红椒圈。

5 蒸锅上火烧开，放入装有秋刀鱼的蒸盘；盖上盖，用大火蒸约 8 分钟，至食材熟透。

6 关火后揭开盖子，取出蒸好的秋刀鱼，趁热撒上葱花，淋上少许热油。

腊鱼炖粉条

（2人份）

烹饪时间　13分钟

[原料]

水发红薯粉条......130 克
腊鱼块..................80 克
青椒、
泡小米椒..........各 40 克
姜片、蒜片、
葱段..................各少许

[调料]

盐、鸡粉............各 1 克
老抽..................3 毫升
生抽、料酒......各 5 毫升
食用油..................适量

[做法]

1 青椒切块；泡小米椒切小块。

2 沸水锅中倒入腊鱼块，汆煮一会至去除多余盐分，捞出汆好的腊鱼，沥干水分，装盘待用。

3 用油起锅，倒入姜片、蒜片、葱段，爆香；放入切好的泡小米椒，炒香；倒入汆好的腊鱼块。

4 加入料酒、生抽，注入适量清水，倒入红薯粉条，炒拌均匀。

5 加盖，用大火炖 10 分钟至熟软入味；揭盖，倒入切好的青椒，淋入老抽，加入盐、鸡粉，炒匀调味。

6 稍煮 1 分钟至收汁，关火后盛出炖好的菜肴，装盘即可。

2人份 湘味火焙鱼

烹饪时间　3分钟

[🥄 原料]

火焙鱼 ....200 克
青椒、红椒 ....各 20 克
干辣椒 .... 3 克
姜片、蒜末 ....各少许

[🧂 调料]

辣椒酱 .... 10 克
辣椒油 ....10 毫升
生抽.................10 毫升
盐 .... 2 克
白糖...................... 2 克
料酒、食用油...... 各适量

[🥄 做法]

1 青椒、红椒切圈，放入盘中备用。

2 热锅注油，烧至五成热，倒入火焙鱼，炸约半分钟，把炸过的火焙鱼捞出。

3 锅底留油，倒入姜片、蒜末、青椒、红椒、干辣椒，炒香。

4 放入炸好的火焙鱼，淋入少许料酒，炒匀。

5 加入少许清水稍煮片刻，放入辣椒酱、辣椒油、生抽、盐、白糖炒匀。

6 用大火炒干水分，盛出装盘即可。

湘味蒸腊鸭

烹饪时间 17分30秒

[原料]

腊鸭块 220克
辣椒粉 10克
豆豉.....................20克
蒜末、葱花 ....各少许

[调料]

生抽.....................3毫升
食用油 ....适量

[做法]

1 热锅注油，烧至四成热，倒入腊鸭块，拌匀，用中火炸出香味，捞出材料，沥干油，待用。

2 用油起锅，倒入备好的蒜末、豆豉，爆香；放入辣椒粉，炒出辣味，注入少许清水。

3 用大火煮至沸，再淋上适量生抽，调成味汁，待用。

4 取一个蒸盘，放入炸好的腊鸭块，摆好，再盛出锅中的味汁，均匀地浇在盘中。

5 蒸锅上火烧开，放入蒸盘，用中火蒸约15分钟，至食材入味。

6 关火后揭盖，取出蒸盘，趁热撒上葱花即可。

口味茄子煲

烹饪时间 5分钟

[原料]

茄子....................200 克
大葱.....................70 克
朝天椒..................25 克
肉末.....................80 克
姜片、蒜末、葱段、
葱花...................各少许

[调料]

盐、鸡粉.............各 2 克
老抽.....................2 毫升
生抽、辣椒油、
水淀粉.............各 5 毫升
豆瓣酱、
辣椒酱..............各 10 克
椒盐粉..................... 1 克
食用油....................适量

[做法]

1 茄子切成条；大葱切小段；朝天椒切圈。

2 热锅中注入适量食用油，烧至五成热，放入茄子，拌匀，炸至金黄色，把炸好的茄子捞出，沥干油，待用。

3 锅底留油，放入肉末，炒散，加入适量生抽，炒匀。

4 倒入朝天椒、葱段、蒜末、姜片，炒匀；放入切好的大葱，炒匀；倒入茄子，注入适量清水。

5 放入豆瓣酱、辣椒酱、辣椒油、椒盐粉，加入适量老抽、盐、鸡粉，炒匀。

6 用水淀粉勾芡，盛出菜肴，放入砂锅中，置于旺火上烧热，放入葱花。

2人份

玉米粒蒸排骨

烹饪时间　33分钟

[🥄 原料]

排骨段 260克
玉米粒 60克
蒸肉米粉 30克
姜末 3克

[🧂 调料]

盐 3克
蚝油 10克
老抽 5毫升
生抽 10毫升
料酒 10毫升

QRcode

扫一扫，看视频

[🥄 做法]

1 取一大碗，倒入排骨段，加入生抽、老抽，淋上料酒，撒上盐，放入蚝油、姜末，拌匀。

2 倒入蒸肉米粉搅拌一会，再转到蒸盘中摆放好，均匀地撒上洗净的玉米粒，腌渍一会，待用。

3 备好电蒸锅，烧开水后放入蒸盘，盖盖蒸约30分钟至食材熟透。

4 断电后揭盖，取出蒸盘，稍微冷却后即可食用。

湘西蒸腊肉

烹饪时间　30 分钟

[🍯 原料]

腊肉..................300 克
朝天椒、花椒、
香菜末...............各少许

[🧂 调料]

料酒..................10 毫升
食用油..................适量

[🥄 做法]

1　锅中注水烧开，放入腊肉，用小火煮 10 分钟，去除多余盐分；揭盖，把腊肉捞出，沥干，放凉。

2　朝天椒切圈；香菜切末，待用；把腊肉切成片，装入盘中，备用。

3　用油起锅，放入花椒、朝天椒，翻炒出香味，即成香油，将炒好的香油盛出，浇在腊肉片上。

4　蒸锅上火烧开，放入腊肉，淋上料酒，用小火蒸 30 分钟至腊肉酥软，取出腊肉，撒上香菜末即可。

满堂彩蒸鲈鱼

烹饪时间　10分钟

[原料]

鲈鱼....................350克
胡萝卜..................30克
玉米粒..................30克
豌豆....................30克
剁椒....................10克
葱段.....................8克
姜片.....................7克

[调料]

蒸鱼豉油.............10毫升
料酒....................8毫升
盐.......................2克
鸡粉.....................2克
食用油..................适量

[做法]

1 胡萝卜切丁；鲈鱼肚皮部分再切开一点。

2 在鱼的身上均匀地抹上盐，装入盘中，再在鱼身上淋上料酒，摆上姜片。

3 热锅注油烧热，倒入葱段、姜片，爆香，倒入胡萝卜、玉米、豌豆，快速翻炒均匀。

4 再放入生抽、剁椒，翻炒至入味，放入备好的鸡粉，翻炒片刻。

5 将炒好的料浇在鲈鱼身上，电蒸锅注水烧开上汽，放入鲈鱼。

6 盖上锅盖，调转旋钮定时10分钟。待时间到，掀开锅盖，将鲈鱼取出即可。

豉香腊鱼

烹饪时间　32分钟

[🥣 原料]

腊鱼.....................200 克
豆豉、葱段、姜丝、
干辣椒.................各少许

[🫙 调料]

料酒、生抽.........各适量

QRcode
扫一扫，看视频

[🥄 做法]

1 腊鱼洗净切片，装入盘内。

2 放入姜丝、葱白。

3 再放上豆豉、干辣椒。

4 淋入少许料酒、生抽，腌渍片刻。

5 将腊鱼放入蒸锅，盖上锅盖，用中火蒸 30 分钟至熟软。

6 揭盖，取出蒸好的腊鱼，撒上剩余的葱段即成。

手撕香辣杏鲍菇

烹饪时间　8分钟

[🍶 原料]

杏鲍菇 .... 300 克
蒜末、葱花 .... 各 3 克
剁椒 .... 10 克

[🧂 调料]

白糖 .... 5 克
醋 .... 8 毫升
生抽 .... 10 毫升
芝麻油 .... 适量

[🥄 做法]

1　将洗净的杏鲍菇切段，再切条形。

2　备好电蒸锅，烧开水后放入切好的杏鲍菇，蒸约 5 分钟，至食材熟透。

3　断电后揭盖，取出蒸熟的杏鲍菇。

4　将杏鲍菇放凉后撕成粗丝，装在盘中，摆好造型，待用。

5　取一小碗，倒入生抽、醋，放入白糖，注入芝麻油，撒上蒜末，拌匀，调成味汁。

6　把味汁浇在盘中，放入剁椒，撒上葱花即可。

玉米年糕炒肉

2人份

烹饪时间 2分30秒

[原料]

玉米粒 .... 120 克
年糕 .... 150 克
莴笋 .... 85 克
猪肉丁 .... 40 克

[调料]

盐 .... 2 克
鸡粉 .... 少许
水淀粉、食用油 .. 各适量

[做法]

1 莴笋切丁；年糕切小块。

2 用油起锅，倒入备好的猪肉丁，炒匀，至其转色。

3 放入莴笋丁、玉米粒，炒匀炒香，转小火，加入少许盐、鸡粉，倒入年糕，炒匀。

4 用水淀粉勾芡，至食材熟软。关火后盛出菜肴，装在盘中即成。

凉爽一夏

PART5

——超人气川湘凉拌菜

炎炎夏日，很多人都觉得食欲不振，但是，看到这些色泽鲜红、酸辣诱人、清爽可口的川湘凉拌菜，你还能淡定吗？爱吃，还要会吃，选对凉拌菜不仅爽口，对身体也很有好处哦！

[2人份] 拍黄瓜

烹饪时间 2分钟

[原料]

黄瓜.....................350 克
红椒.....................20 克
苦菊、蒜末、
葱花.....................各少许

[调料]

盐 ....3 克
陈醋.....................8 毫升
鸡粉.....................2 克
生抽、芝麻油......各少许

QRcode

扫一扫，看视频

[做法]

1 红椒切成圈；黄瓜拍破，切成段。

2 黄瓜装入碗中，加入红椒圈、洗好的苦菊。

3 倒入蒜末，加入盐、鸡粉，再倒入陈醋，放入葱花、生抽拌匀。

4 加少许芝麻油，用筷子充分拌匀，将拌好的黄瓜盛入盘中即可。

红油皮蛋拌豆腐

（2人份）

烹饪时间　2分钟

[原料]

皮蛋........................2 个
豆腐....................200 克
蒜末、葱花.........各少许

[调料]

盐、鸡粉............各 2 克
陈醋....................3 毫升
红油....................6 毫升
生抽....................3 毫升

[做法]

1 豆腐切成小块；皮蛋切成瓣，摆入盘中，备用。

2 取一个碗，倒入蒜末、葱花，加入少许盐、鸡粉、生抽。

3 再淋入少许陈醋、红油，调匀，制成味汁。

4 将切好的豆腐放在皮蛋上浇上调好的味汁，撒上葱花即可。

蒜泥白肉

烹饪时间　42 分钟

[🍶 原料]

净五花肉............300 克
葱条、姜片........各适量
蒜泥....................30 克
葱花....................适量

[🧂 调料]

盐........................3 克
料酒、味精、辣椒油、
酱油、芝麻油、
花椒油..............各少许

[🥄 做法]

I 锅中注入适量清水烧热，放入五花肉、葱条、姜片。

2 淋上少许料酒提鲜，用大火煮20分钟至材料熟透；关火，在原汁中浸泡20分钟。

3 把蒜泥放入碗中，再倒入盐、味精、辣椒油、酱油、芝麻油、花椒油拌匀，制成味汁。

4 取出煮好的五花肉，切成厚度均等的薄片，再摆入盘中码好，浇入拌好的味汁，撒上葱花即成。

姜汁牛肉

3 人份

烹饪时间　2 分钟

[🏷 原料]

卤牛肉 .... 100 克
姜末...................... 15 克
辣椒粉、葱花...... 各少许

[🧂 调料]

盐 .... 3 克
生抽..................... 6 毫升
陈醋..................... 7 毫升
鸡粉、芝麻油、
辣椒油................ 各适量

[🥄 做法]

1 将卤牛肉切成片。

2 将切好的牛肉摆入盘中。

3 取一个干净的碗，倒入姜末、辣椒粉，放入葱花，加入盐、陈醋、鸡粉、少许生抽、辣椒油。

4 再倒入少许芝麻油，加入少许开水，用勺子搅拌匀，将拌好的调味料浇在牛肉片上即可。

3人份

夫妻肺片

烹饪时间 5分钟

[原料]

熟牛肉 ....80 克
熟牛蹄筋 ....150 克
熟牛肚 ....150 克
青椒、红椒 ....各 15 克
蒜末、葱花 ....各少许

[调料]

生抽 ....3 毫升
陈醋、辣椒酱、
老卤水、辣椒油、
芝麻油 ....各适量

[做法]

1 把牛肉、牛蹄筋、牛肚放入煮沸的卤水锅中，盖上盖，小火煮15 分钟。

2 把卤好的食材捞出，装入盘中晾凉备用。

3 青椒、红椒对半切开去籽，先切成丝，再切成粒。

4 牛蹄筋切成小块；牛肉切成片；用斜刀将卤好的牛肚切成片，备用。

5 取一个大碗，倒入切好的牛肉、牛肚、牛蹄筋，倒入青椒、红椒、蒜末、葱花。

6 倒入适量陈醋、生抽、辣椒酱、老卤水，倒入辣椒油、芝麻油，用小汤匙拌匀，盛出装盘即可。

辣拌土豆丝

烹饪时间　3分钟

[🍶 原料]

土豆..................200 克
青椒...................20 克
红椒...................15 克
蒜末...................少许

[🍱 调料]

盐 ....2 克
味精、辣椒油、
芝麻油、食用油 .. 各适量

[🥄 做法]

1　土豆切成丝，装碗备用。

2　青椒、红椒切段，切开去籽，切成丝，装碟备用。

3　锅中注水烧开，加少许食用油、盐，倒入土豆丝，略煮。

4　倒入青椒丝和红椒丝，煮约2分钟至熟，把煮好的材料捞出装入碗中。

5　加盐、味精、辣椒油、芝麻油，用筷子充分搅拌均匀，将拌好的材料盛入盘中，撒上蒜末即成。

香辣鸡丝豆腐

烹饪时间 2分钟

[原料]

熟鸡肉 .... 80 克
豆腐 .... 200 克
油炸花生米 .... 60 克
朝天椒圈 .... 15 克
葱花 .... 少许

[调料]

陈醋 .... 5 毫升
生抽 .... 5 毫升
白糖 .... 3 克
芝麻油 .... 5 毫升
辣椒油 .... 5 毫升
盐 .... 少许

[做法]

1 熟鸡肉手撕成丝；熟花生米拍碎；豆腐对切开，切成块。

2 锅中注入适量的清水，大火烧开，加入盐，搅匀，倒入豆腐，汆煮片刻去除豆腥味。

3 将豆腐捞出，沥干水分，摆入盘底成花瓣；将鸡丝堆放在豆腐上。

4 取一个碗，倒入花生碎、朝天椒圈，加入少许生抽、白糖、陈醋、芝麻油、辣椒油，拌匀。

5 倒入备好的葱花，搅拌均匀制成酱汁，将调好的酱汁浇在鸡丝豆腐上即可。

泡椒凤爪

4人份

烹饪时间 130 分钟

原料

鸡爪.....................500 克
生姜......................17 克
葱.......................13 克
朝天椒....................8 克
泡小米椒............142 克
花椒......................2 克
蒜瓣.....................15 克

调料

盐...........................3 克
料酒......................3 毫升
米酒.....................20 毫升
白醋.......................3 毫升
白糖.....................10 克

做法

1 蒜瓣拍开，去皮；朝天椒去蒂切圈；葱切段；生姜切片；蒜、朝天椒、葱段放入碗中，待用。

2 鸡爪去趾尖，切成两半；将鸡爪放入清水里浸泡 1 个小时，去除血水。

3 碗中放入泡小米椒、米酒、白醋、花椒、盐、白糖、400 毫升凉开水，制成泡椒汁。

4 将泡好的鸡爪捞出，沥干水；放入沸水锅中，注入料酒，拌匀；中火煮 10 分钟至熟透，中途将浮沫撇去。

5 煮好的鸡爪捞起放入碗中，注入凉水冲洗油脂。

6 沥干水后放入泡椒调料汁中，封上保鲜膜浸泡 1 个小时入味，揭开保鲜膜，夹出鸡爪即可享用。

 酸辣腰花

烹饪时间 3 分钟

[🍳 **原料**]

猪腰...................200 克
蒜末、青椒末、
红椒末、葱花......各少许

[🍱 **调料**]

盐 ....5 克
味精......................2 克
料酒、辣椒油、陈醋、
白糖、生粉 ....各适量

[🥄 **做法**]

1　猪腰对半切开，切去筋膜，再切麦
　　穗花刀，然后改切成片。

2　腰花装入碗中，加料酒、味精、盐，
　　再加入生粉，拌匀，腌渍 10 分钟。

3　锅中加清水烧开，倒入腰花拌匀，
　　煮约 1 分钟至熟，将煮熟的腰花捞
　　出，盛入碗中。

4　腰花中加入盐、味精，再加辣椒油、
　　陈醋。

5　最后加白糖、蒜末、葱花、青椒末、
　　红椒末，将腰花和调料拌匀，将拌
　　好的腰花装盘即可。

红油猪口条

烹饪时间　18 分钟

[🧂 **原料**]

猪舌....................300 克
蒜末、葱花.........各少许

[🧂 **调料**]

盐.........................3 克
辣椒油...............10 毫升
生抽...................10 毫升
芝麻油、老抽、鸡粉、
料酒....................各适量

[🥄 **做法**]

1　锅中加入适量清水烧热，放入洗净的猪舌。

2　加入鸡粉、盐、料酒、老抽、生抽，拌匀，盖上盖，用大火烧开，转小火煮 15 分钟，将煮熟的猪舌捞出，用刀刮去猪舌上的外膜。

3　将猪舌切成片，装入碗中，加入适量盐、鸡粉。

4　加入生抽，放入蒜末；加入少许辣椒油、芝麻油，拌约 1 分钟至入味。

5　加入少许葱花，用筷子拌匀，将拌好的猪舌摆入盘中即可。

凉拌莲藕

3人份

烹饪时间　4分钟

[原料]

莲藕..................250 克
红椒....................15 克
葱花......................少许

[调料]

盐...........................3 克
鸡粉、白醋、辣椒油、
芝麻油...............各适量

[做法]

1　把去皮洗净的莲藕切成片，装入盘中备用。

2　把洗净的红椒对半切开，去籽，切成丝，再切成粒，装入盘中备用。

3　锅中加入适量清水，用大火烧开，倒入少许白醋。

4　倒入莲藕，煮约 2 分钟至熟，把煮熟的藕片捞出，放入盘中备用。

5　取一个大碗，倒入藕片，加入红椒粒、盐、鸡粉、辣椒油。

6　加入芝麻油，用筷子拌匀，把拌好的藕片装入盘中，撒上葱花即可。

辣拌蛤蜊

（3人份）

烹饪时间　4分30秒

[原料]

蛤蜊.....................500 克
青椒.......................20 克
红椒........................5 克
蒜末、葱花........各少许

[调料]

盐 ....3 克
鸡粉........................1 克
辣椒酱..................10 克
生抽....................5 毫升
料酒、陈醋.....各 4 毫升
食用油..................适量

[做法]

1　洗净的青椒切圈，备用。

2　锅中加适量清水烧开，倒入蛤蜊，煮 2 分钟至壳开、肉熟透。把煮好的蛤蜊捞出，用清水洗净。

3　用油起锅，爆香青椒、红椒、蒜末，加辣椒酱、生抽、陈醋、料酒、盐、鸡粉，炒匀。

4　把炒好的调味料盛出，装入碗中，备用。

5　把蛤蜊倒入另一只碗中，撒上葱花，倒上炒好的调味料。

6　用筷子拌匀入味，盛出装盘即可。

 2 人份

老醋花生米

烹饪时间 1分钟

[🔩 **原料**]

花生米 ....200 克
香菜.................... 10 克
陈醋,..................20 毫升

[🍱 **调料**]

盐 .... 2 克
食用油 ....适量

[🥄**做法**]

1 将洗净的香菜切末。

2 锅中注入适量清水，倒入洗净的花
生米，煮约 15 分钟至熟，捞出沥
干水。

3 锅中注油，烧至三成热，倒入煮好
的花生米，炸至米黄色捞出，沥干
油，装入盘中备用。

4 碗中倒入适量陈醋，加入盐调味，
倒入炸好的花生米拌匀。

5 再放入香菜末拌匀,装入盘中即可。

凉拌折耳根

烹饪时间　1分钟

[🍶 原料]

折耳根 .... 70 克
葱末 .... 8 克
蒜末 .... 8 克

[🧂 调料]

盐 .... 2 克
鸡粉 .... 2 克
白糖 .... 3 克
生抽 .... 4 毫升
陈醋 .... 3 毫升
花椒油 .... 3 毫升
油泼辣子 .... 适量

[🥄 做法]

1　择洗好的折耳根切成小段，待用。

2　折耳根倒入碗中，放入葱末、蒜末。

3　放入盐、鸡粉、白糖，淋入生抽、陈醋。

4　加入花椒油，倒入油泼辣子，搅拌均匀。

5　将拌好的折耳根倒入盘中即可。

凉拌海蜇萝卜丝

烹饪时间　3分钟

[原料]

白萝卜 .... 120 克
海蜇丝 .... 250 克
姜丝 .... 15 克
蒜蓉、朝天椒末、
葱花 .... 各少许

[调料]

盐、味精、白糖、
白醋、辣椒油、
芝麻油 .... 各适量

[做法]

1　白萝卜去皮洗净，切丝。

2　将洗净的海蜇丝放入沸水锅中焯煮
　　1分钟至熟，捞出装入碗中。

3　将萝卜丝倒入装有海蜇丝的碗中。

4　倒入蒜蓉、姜丝、朝天椒末。

5　加盐、味精、白糖、白醋。

6　再倒入辣椒油、芝麻油，用筷子搅
　　拌均匀，装好盘即可食用。

2人份

腐乳拌薄荷鱼腥草

烹饪时间 1分30秒

[原料]

鱼腥草 .... 130 克
鲜薄荷叶 .... 少许

[调料]

腐乳 .... 35 克
白糖 .... 少许
生抽 .... 4 毫升
白醋 .... 6 毫升
辣椒油 .... 10 毫升

[做法]

1. 将腐乳装入碟中，加入少许白糖，淋入适量辣椒油、白醋。

2. 搅散、拌匀，制成辣酱汁，待用。

3. 取一大碗，盛入洗净的鱼腥草。

4. 撒上备好的鲜薄荷叶，浇上辣酱汁。

5. 拌匀，淋上少许生抽，快速搅拌一会，至食材入味。

6. 将拌好的菜肴盛入盘中，摆好盘。

湘卤牛肉

4人份

烹饪时间　3分30秒

[原料]

卤牛肉 .... 100 克
莴笋 .... 100 克
红椒 .... 17 克
蒜末、葱花 .... 各少许

[调料]

盐 .... 3 克
老卤水 .... 70 毫升
鸡粉 .... 2 克
陈醋 .... 7 毫升
芝麻油、辣椒油、
食用油 .... 各适量

[做法]

1 红椒切成粒；莴笋斜刀切成片；卤牛肉切成片。

2 锅中倒入适量清水烧开，加入少许食用油、盐，倒入莴笋，煮 1 分钟至熟。

3 把煮好的莴笋捞出装入盘中，将牛肉片放在莴笋片上。

4 取一个干净的碗，倒入蒜末、葱花、红椒粒，倒入适量老卤水。

5 加入少许辣椒油、鸡粉、盐，再加入少许陈醋、芝麻油。

6 用筷子拌匀，将拌好的材料浇在牛肉片上即可。

盐水鸭胗

烹饪时间　62 分钟

[原料]

鸭胗....................240 克
花椒、桂皮、八角、
香草、香叶 .... 各少许
姜片、葱条 .... 各适量

[调料]

盐、鸡粉............各 2 克
生抽....................8 毫升
老抽....................6 毫升
料酒....................5 毫升

[做法]

1. 砂锅中注入适量清水烧热，倒入花椒、桂皮、八角、香草、香叶、姜片、葱条。

2. 放入洗净的鸭胗，加入少许盐、鸡粉，淋入适量生抽、老抽、料酒。

3. 盖上盖，烧开后用小火煮约 1 小时至熟。

4. 揭开盖，捞出鸭胗，放凉待用。

5. 把放凉的鸭胗切成薄片。

6. 摆放在盘中，浇上卤汁即可。

美食传说

PART 6

—— 街头巷尾的超人气川湘名吃

漫步巴蜀，觅食潇湘，在街头巷尾的任何一个地方，你都能找到几处生意火爆的小吃摊位。当地小吃通常也被看作是饮食文化的重要组成部分，主要有口水香干、永州血鸭、湖南臭豆腐、糖油粑粑、担担面等名吃。

口水香干

5人份

烹饪时间 23分钟

[原料]

香干	630 克
芹菜	10 克
朝天椒	5 克
熟花生	23 克
姜	15 克
白芝麻	5 克
八角	3 个
花椒	2 克
白芷	5 克
香叶	1 克
草果	3 个
丁香	1 克

[调料]

盐	3 克
白砂糖	5 克
蘑菇精	3 克
生抽	9 毫升
陈醋	3 毫升
老抽	3 毫升
食用油	适量

[做法]

1 香干切成片；芹菜切成粒；姜块切成片；朝天椒去蒂，切圈后再剁碎。

2 将熟花生用刀背压碎，去除花生皮，再用刀背拍碎。

3 水烧热，放入八角、香叶、草果、白芷、丁香、姜片、生抽、老抽、盐、糖，放入香干，注入食用油。

4 搅拌均匀后盖上盖，煮20分钟。在备好的碗中放入朝天椒、芹菜碎、白芝麻，搅拌均匀。

5 油烧热，爆香花椒，捞出，浇在盛有食材的碗中，再倒入生抽、陈醋、蘑菇精、白砂糖，搅拌成酱汁。

6 揭开锅盖，将煮好的香干用筷子夹到备好的盘中，浇上酱汁、撒上花生碎即可。

糖油果子

烹饪时间　6 分钟

[🍶 原料]

糯米粉 .... 400 克
大米粉 .... 50 克
猪油 .... 100 克
熟白芝麻 .... 8 克
核桃仁 .... 适量

[🍶 调料]

白糖 .... 10 克
红糖 .... 80 克
食用油 .... 各适量

[🥄 做法]

1 备好的碗中倒入糯米粉、大米粉、白糖、猪油，混合均匀，再倒入适量温开水，揉搓成面团。

2 将制好的面团搓成长条，再分成数个小剂子，搓圆后放纱布上待用。

3 热锅注油，烧热后加入红糖，用中火烧化，待漂浮在油面上时关火。

4 待油温降低，依次放入圆子，小火慢炸，并不停晃动锅子，炸至圆子外壳稍硬后，可用勺子不停推动。

5 等到圆子颜色慢慢变深后，转至中火，不停翻炒，使其上色均匀，再煮一会儿至圆子呈糖浆色即可关火。

6 将炸好的圆子捞出沥干油分，放入碗中，趁热撒上熟白芝麻即可。

重庆麻团

4
人份

烹饪时间 16 分钟

[原料]

糯米粉 ....250 克
白糖.....................50 克
红豆沙 ....适量
熟白芝麻................适量

[调料]

食用油 ....适量

[做法]

1 准备好一个碗，倒入适量温水，加入白糖，搅拌至融化。

2 将糯米粉倒在案板上，开窝，加白糖、温水，快速揉搓成面团，稍饧一会；揉搓成长条形，分成数个小剂子，压扁。

3 将红豆沙放入小剂子中，收紧口，揉搓成圆球状。

4 将准备好的熟白芝麻撒在麻团生坯上，滚匀后，放置待用。

5 锅中注入适量食用油，烧至五成热后，放入麻团生坯，转小火炸熟。

6 中间要不停地用勺子按压麻团，使其膨胀；炸约 15 分钟后，待麻团漂浮起来，捞出沥干油分，即可趁热食用。

山城小汤圆

烹饪时间　6 分钟

[🍚 原料]

糯米粉 ....500 克
猪油 ....100 克
白糖 ....50 克
熟黑芝麻、
核桃仁 ....各适量

[🧂 调料]

食用油 ....适量

[🥄 做法]

1 糯米粉倒在案板上，开窝，加清水，快速揉搓成面团，加猪油，揉匀。

2 炒锅烧热，倒入食用油，倒入核桃仁，炸酥后研细末；熟黑芝麻研细末，同盛碗中，加白糖，制成馅料。

3 取出做好的糯米团，揉搓成长条形，分成数个小剂子，压扁。

4 取适量馅料放入小剂子中，收紧口，揉搓成圆球形，即成汤圆生坯。

5 锅中注入适量清水烧开，放入汤圆生坯，轻轻搅动，烧开后转中火煮约 5 分钟至汤圆浮起。

6 加入白糖，搅匀至白糖融化，关火后将汤圆盛出，撒上适量熟黑芝麻。

桑葚芝麻糕

烹饪时间　20分钟

[🫙 **原料**]

面粉....................250 克
粘米粉..................250 克
鲜桑葚................100 克
黑芝麻.................35 克
酵母.......................5 克

[🗄 **调料**]

白糖.......................25 克

[🥄 **做法**]

1　锅中注水烧开，倒入桑葚，熬煮约
　　10分钟，至煮出桑葚汁，关火后
　　捞出桑葚渣，将桑葚汁装在碗中。

2　取一大碗，倒入面粉、粘米粉，放
　　入酵母，撒上白糖，注入桑葚汁。

3　混合均匀，揉搓一会儿，制成面团，
　　用保鲜膜封住碗口，静置约1小时。

4　取面团，揉成面饼状，放入蒸盘中，
　　撒上黑芝麻，即成芝麻糕生坯。

5　蒸锅上火烧开，放入蒸盘，盖上盖，
　　用大火蒸约5分钟，至生坯熟透。

6　关火后揭盖，取出蒸盘，稍微冷却
　　后将芝麻糕分成小块，摆盘即可。

鸡丝蕨根粉

烹饪时间　15 分钟

[🍶 原料]

熟蕨根粉............150 克
鸡胸肉................100 克
大蒜.......................半头
朝天椒...................4 个
青椒.......................1 个
香菜.......................2 根
香葱.......................2 根
姜丝.......................适量
熟白芝麻...............少许

[🍶 调料]

生抽...................3 毫升
盐..........................2 克
辣椒油...............5 毫升
芝麻油...............5 毫升
食用油...................适量
白糖.......................适量

[🥄 做法]

1 锅中注水烧开，放入鸡肉，汆煮去除杂质；将煮熟的鸡肉捞出，沥干水分，放凉后用手撕成鸡丝，待用。

2 青椒、朝天椒去蒂，切两半后切碎；香葱、香菜各切段，再切碎，待用。

3 取一个碗，倒入生抽、芝麻油、辣椒油、白糖、盐，再倒入少许白芝麻，搅拌均匀，制成味汁待用。

4 取一个盘子，将备好的熟蕨根粉平铺在盘子中，放上备好的鸡丝。

5 再放上青椒末、朝天椒末，撒上葱花、蒜末，最后放上香菜末、姜丝，再淋入备好的味汁。

6 热锅注油烧热后浇在盘中即可。

2人份

鸡丝凉粉

烹饪时间 8分钟

[🧂 原料]

鸡胸肉 .... 100 克
凉粉.................. 200 克
红椒.................... 15 克
蒜末、葱花 .... 各少许

[🍶 调料]

盐 .... 3 克
鸡粉、生抽、
陈醋、芝麻油、
食用油 .... 各适量

[🥄 做法]

1 凉粉切成 1 厘米厚的片；红椒切丝。

2 热锅中倒入适量清水，用大火烧开，放入鸡胸肉，盖上盖，煮约 5 分钟至鸡胸肉熟透；捞出煮熟的鸡胸肉，放凉待用。

3 将鸡胸肉拍松散，再撕成鸡肉丝；取一个大碗，放入鸡肉丝，加少许盐、鸡粉、少许芝麻油，拌匀备用。

4 另取一碗，放入蒜末、葱花，倒入少许生抽、陈醋，加入盐、鸡粉，放入少许清水、芝麻油，拌匀，制成味汁。

5 把凉粉放在盘中，摆放齐整，再均匀地浇入味汁。

6 夹入拌好的鸡肉丝，撒上红椒丝，摆好即可。

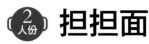

担担面

烹饪时间　4 分钟

[🫙 原料]

碱水面 .... 150 克
瘦肉..................... 70 克
生菜..................... 50 克
生姜..................... 20 克
葱花.....................少许

[🧂 调料]

上汤................. 300 毫升
盐 .... 2 克
鸡粉.....................少许
生抽、老抽......各 2 毫升
辣椒油................4 毫升
甜面酱 .... 7 克
料酒、食用油...... 各适量

QRcode
扫一扫，看视频

[🥄 做法]

1　生姜剁成末；瘦肉剁成末。

2　锅中倒入适量清水，用大火烧开，
倒入食用油，放入生菜，煮片刻；
把煮好的生菜捞出，备用。

3　把碱水面放入沸水锅中，搅散，
煮约 2 分钟至熟；把煮好的面条
捞出，盛入碗中，晾凉；再放入
生菜。

4　用油起锅，放入姜末，爆香；倒入
肉末，炒匀；淋入料酒，翻炒匀；
倒入老抽，炒匀调色。

5　加入上汤、盐、鸡粉；淋入生抽、
辣椒油，拌匀；加入甜面酱，拌匀，
煮沸。

6　将味汁盛入面条中，最后撒上葱花
即可。

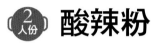

酸辣粉

烹饪时间　4 分钟

[🛍 原料]

生菜......................40 克
水发红薯粉........150 克
榨菜....................15 克
肉末....................30 克
白芝麻..................5 克
花生米.................30 克
水发黄豆.............10 克
香菜......................少许

[🧂 调料]

盐、鸡粉............各 3 克
胡辣粉................2 克
生抽....................8 毫升
辣椒酱.................10 克
水淀粉、辣椒油、陈醋、
食用油...............各适量

[🥄 做法]

1　生菜去除老叶；香菜切碎。锅中注水烧开，加入食用油，放入生菜，煮约半分钟至其断生，捞出。

2　沸水锅中倒入红薯粉，加入盐，煮约 1 分钟，至其断生后捞出。

3　锅中注水烧开，加入鸡粉、盐、陈醋、辣椒油，放入胡辣粉、生抽，拌匀；用大火煮至沸，调成味汁，盛入碗中，待用。

4　油烧至三四成热，倒入花生米，小火炸约 1 分钟，捞出，沥干油。

5　锅底留油烧热，肉末炒至变色，加入生抽、辣椒酱，放入黄豆、榨菜，注水，大火煮沸，加鸡粉、盐，拌匀，用水淀粉勾芡，关火待用，制成酱菜。

6　取红薯粉，放上生菜，盛入味汁、酱菜，撒上花生米、白芝麻、香菜。

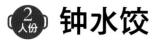

钟水饺

2人份

烹饪时间　10分钟

[🔖 原料]

肉胶......................80 克
蒜末、姜末、
花椒.................. 各适量
饺子皮...................数张

[🍶 调料]

盐 ....2 克
鸡粉......................2 克
生抽....................4 毫升
芝麻油................2 毫升

QRcode
扫一扫，看视频

[🥄做法]

1 花椒装入碗中，加适量开水，浸泡 10 分钟。

2 肉胶倒入碗中，加入姜末、花椒水，拌匀，放盐、鸡粉、生抽，拌匀；加芝麻油，拌匀，制成馅料。

3 取适量馅料，放在饺子皮上，收口，捏紧，制成生坯。

4 锅中注水烧开，放入生坯，煮熟；取小碗，装生抽、蒜末，制成味汁；把饺子捞出装盘，用味汁佐食饺子。

金沙玉米

3人份

烹饪时间 3分钟

[原料]

玉米粒 .... 200 克
咸蛋黄 .... 3 个
葱花 .... 少许

[调料]

盐、白糖 .... 各 2 克
食用油 .... 适量

[做法]

| | 咸蛋黄切片，改切成细碎。

2 沸水锅中倒入洗净的玉米粒，余煮片刻全断生；将余煮好的玉米粒捞出，沥干水。

3 热锅注油烧热，倒入咸蛋黄，炒至其稍微溶化；加入玉米粒，炒拌，让玉米粒充分粘连上咸蛋黄。

4 撒上盐、白糖，倒入葱花，充分炒匀入味，关火后将炒好的玉米粒盛入盘中即可。

五味香干

烹饪时间　30 分钟

[🍶 原料]

豆腐干 .... 600 克

[🧂 调料]

花椒 .... 5 克
白砂糖 .... 5 克
酱油 .... 50 克
植物油 .... 20 克

[🥄 做法]

1 锅置火上，将花椒、白砂糖、酱油、植物油放入锅内，搅拌均匀。

2 将豆腐干放入拌匀的调料中，煮至沸腾。

3 转小火卤煮 20~30 分钟。

4 待汤汁收干，盛出即可。

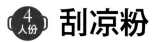

刮凉粉

烹饪时间　3 小时

[**原料**]

豌豆粉 .... 200 克
水 .... 1200 毫升
花生米 .... 5 克
葱 .... 3 克
黄瓜、香菜 .... 各适量

[**调料**]

香油 .... 3 毫升
盐 .... 2 克
辣椒油 .... 少许
生抽、醋 .... 各适量

[**做法**]

1 　将豌豆粉和水按 1 ∶ 1 的比例倒在一个大碗里，搅拌均匀，调成豌豆粉糊。

2 　剩余的水大火烧开，倒入豌豆粉糊，转小火加热 3 分钟，放凉后，冷藏 2~3 个小时。

3 　取一碗，放入辣椒油、盐、香油、酱油、生抽、醋拌匀，调成酱汁。

4 　将黄瓜切丝，香菜切段，葱切成葱花，花生米敲碎。

5 　凉粉倒扣至盘中，用刮凉粉的模具刮出长条的凉粉。

6 　刮好的凉粉放入碗中，浇上调好的酱汁，撒上黄瓜丝、葱花、香菜段和花生碎，拌匀即可。

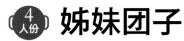

姊妹团子

烹饪时间 6 小时

[原料]

糯米....................600 克
大米....................400 克
米粉.....................150 克
猪五花肉.............350 克
红枣....................150 克
水发香菇.............. 15 克
冷水..............1250 毫升

[调料]

北流糖 .... 100 克
桂花糖 .... 10 克
酱油....................20 毫升
味精、盐.............各 5 克
熟猪油 .... 30 克

[做法]

1 糯米、大米用清水浸泡 4 小时，冲
  洗干净，再加冷水磨成细滑的浆；
  将浆料灌入布袋内，挤干水分，取
  出倒入盆内。取米粉 150 克搓成
  饼状，蒸约 30 分钟，取出。

2 红枣剁成枣泥，用旺火蒸 1 小时。
  炒锅加熟猪油烧热，倒入北流糖拌
  炒溶化，再倒入枣泥和桂花糖，拌
  炒成糖馅。

3 猪五花肉洗净，剁成肉茸，盛入碗
  内；香菇去蒂，剁碎后与盐、味精
  一起倒入碗内，拌两遍，然后加酱
  油及适量清水拌匀，即成肉馅。

4 和好的粉团搓成条，摘成每个约
  15 克的剂子逐个搓圆，并用手指
  在中间捏成窝子，分别放入糖馅和
  肉馅，捏拢收口，用沸水旺火蒸约
  10 分钟，取出即成。

湖南麻辣藕

烹饪时间　2分钟

[🍶 原料]

莲藕....................300 克
花椒........................3 克
姜片、蒜末 ....各少许

[🧂 调料]

盐 ....4 克
白醋....................5 毫升
老干妈、剁椒....各 20 克
鸡粉、水淀粉、
食用油 ....各适量

[🥄 做法]

1　将去皮洗净的莲藕切成片，装入碗中备用。

2　锅中加适量清水烧开，加入白醋、盐。

3　倒入莲藕片，拌匀，煮约 2 分钟至熟，把煮熟的连藕片捞出。

4　用油起锅，倒入姜片、蒜末、花椒，炒香；倒入莲藕，翻炒片刻。

5　加入适量老干妈、剁椒，加适量盐、鸡粉，炒匀调味。

6　加入适量水淀粉，拌炒匀，将锅中材料盛出装盘即可。

蟹黄锅巴

烹饪时间　30分钟

[原料]

膏蟹.................. 1500 克
小米.................. 200 克
鸡汤..............1000 毫升
大葱.................. 15 克
姜 .... 15 克

[调料]

食用油 ....120 毫升
料酒..................50 毫升
盐 .... 8 克
胡椒粉 .... 1 克
香油..................10 毫升
豌豆淀粉..............25 克

[做法]

1 将螃蟹用清水洗净，切下蟹腿和蟹钳，将毛刮净，切下两头关节，除去蟹壳、鳃以及脐板。

2 葱切葱花；姜切末；小米蒸熟，加入淀粉拌匀。

3 锅中注油烧至六成热，放入姜末煸炒，放葱花、蟹黄肉炒香，加入料酒、鸡汤、盐、胡椒粉，烧开，加少许水淀粉勾汁芡，淋上香油。

4 另用锅放入油烧到七成热时，下入小米炸到焦酥呈金黄色，沥干油分，盛盘装出，将蟹黄羹倒入锅巴内，即可食用。

烹饪时间　5 小时

[🎑 原料]

鸭子......................... 1 只
姜片..................... 30 克
葱段.................... 100 克
花椒、桂皮、干辣椒、八
角、沙姜..........各 10 克
陈皮、砂仁、白芷、豆蔻、
荜菝.....................各 5 克
小茴、甘草.........各 3 克
罗汉果、香叶......各适量

[🍶 调料]

料酒...................60 毫升
啤酒、生抽 . 各 250 毫升
冰糖..................... 50 克
花生油.............100 毫升
香油..................25 毫升
盐 .... 120 克
玫瑰露酒、香油
.... 各 20 毫升

[🥄 做法]

1 鸭子剁去鸭掌，从背部开膛取出内脏，洗净，再把鸭身展开，反扣于案板上，用重物压扁。

2 取一盆，放入一半的姜片、葱段、料酒，100 克盐及干辣椒、花椒、玫瑰露酒，加入适量清水，拌匀，将鸭子放入盆中，浸泡至入味后放入 200℃ 的烤箱，烤至六成熟。

3 将八角、沙姜、桂皮、小茴、陈皮、砂仁、豆蔻、荜菝、白芷、香叶、甘草、罗汉果装入一个纱布袋中，做成香料包。

4 将剩余的姜片、葱段爆香，加入清水、料酒、盐、啤酒、生抽、冰糖、香料包，放入鸭子，卤至熟后捞出。大火将卤汁收浓，均匀地淋在鸭身上，最后在鸭身表面抹上香油即可。

一、飞天之梦——人类对飞行的渴望

　　古代人类在艰苦的生活和生产中,与自然作斗争,而产生飞行的渴望。翱翔的鹰、扑翼飞行的鸟,甚至天空漂浮的云,都引起人们对飞行的幻想。这些飞行的幻想不仅丰富了古代人类社会文化,也孕育了后代航空航天技术的萌芽。在众多的古代飞行神话传说中,以中国、古希腊、埃及、印度和阿拉伯地区最为著名,而且流转最广。

　　世界上第一架飞机诞生之后,我国许多仁人志士为振兴中华而热心发展航空航天事业。从 1887 年华蘅芳制造中国第一个氢气球,到 1949 年一些杰出的科学家在空气动力、火箭技术、燃烧理论等方面取得了一系列的研究成果,这些令人瞩目的成就推动了有关学科的发展,为中华民族争得了荣誉。

　　14 世纪末,中国明代万户设计制造了一种会飞的"飞龙"火箭。这种火箭前后两端分别是木质雕刻的龙头龙尾,下面各装两个火箭筒,龙肚子里装有火药,用引信点燃后,可放飞 1 000 米。工匠们将一把椅子安在一个木制构架上,构架四周绑上 47 支火箭,万户坐在椅子内两只手各握着一只大风筝。他打算等火箭升空后,就利用这两只大风筝带着自己在空中飞行。然而,"飞龙"拔地升起,冲入半空,然后栽到山脚下,箭毁人亡。万户作为世界上利用火箭进行飞行的第一人名留千古。1959 年,为了纪念这位飞行第一人,人类将月球背面一座环形山命名为万户山。

　　华盛顿的美国航空和航天博物馆的飞行器陈列大厅中,有一块标牌,上面写着:"最早的飞行器就是中国的风筝和火箭"。

　　1909 年 9 月 21 日旅美华侨冯如,驾驶着他自己设计制造的飞机,在美

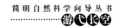
国旧金山东北奥克兰南郊的皮的蒙特迎着太平洋吹来的西风,升上了天空,后人称这架飞机为"冯如一号"。这是中国人自己设计、自己制造的第一架飞机。升空的这天距美国人莱特兄弟发明飞机的飞行时间1903年12月17日不到6年;距欧洲巴西人桑托斯·杜蒙的飞机飞行(1906年11月13日)不到3年;距法国人路易·布莱里奥1909年7月25日驾驶飞机飞越英吉利海峡不到两个月。1911年1月18日冯如制造的第二架飞机"冯如二号"试飞成功,赢得了国际上的广泛关注和高度赞誉。

冯如:1909年9月21日冯如制造并驾驶的中国人的第一架飞机,在美国奥克兰市郊区试飞成功。

王助:1917年24岁的王助出任美国波音公司第一任总工程师,设计成功波音公司第一架C型水上飞机。

1923年6月孙中山与宋美龄出席中国自己制造的陆上双翼教练机"乐士文第一"号试飞典礼("乐士文"为宋美龄的英文名字)。

1931年2月中国工农红军有了第一架飞机"列宁号"。

新中国成立后,我国航空航天事业得到了蓬勃发展,特别是改革开放以来,更是以惊人的速度发展着,进入了世界航空航天大国的行列。目前,我国已能自主研发、生产各种型号的歼击机、轰炸机、强击机、直升机、运输机、侦察机以及战略导弹、战术导弹等,开发了北斗工程、探月工程、神舟工程,还要建自己的空间站,进行深空探测等,为空军、海军、陆军提供了军事技术装备;航空航天科学技术也推动着国民经济的发展。与此同时,我国正在发展民用飞机和通用航空,以满足了民航事业和国民经济发展的需要,并向世界上一些国家出口。

二、蓝天勤耕耘——航空基础知识

(一)航空名词解释

1.飞行器

任何由人类制造,能飞离地面,在空间飞行并由人类控制的飞行物,称为飞行器。飞行器分为航空器、航天器、航宇器三类。

2.航空器

人类在地球大气层中飞行叫航空,所使用的飞行器叫航空器,如飞机、直升机、飞艇和热气球等。航空器在大气层中飞行,由于空气阻力的作用,需要有持续不断地推力维持其飞行速度,所以航空器要携带燃料。由于大气层中有充足的氧气,航空器不需要携带氧化剂。

3.航天器

人类冲出大气层,到太空中去活动叫航天,也叫宇宙航行,所使用的飞行器叫航天器,如人造地球卫星、深空探测器、宇宙飞船、空间站和航天飞机等。送航天器进入太空的运载火箭只是一种运载工具,将航天器送入太空后,它的使命即告终结,航天器在真空或近似真空的状态下依靠惯性来飞行。由于火箭要在太空飞行一段时间和距离,所以它要携带燃料和氧气剂。

4.航宇器

人类冲出太阳系、银河系乃至河外星系,即进入外太空,其航行活动叫航宇,所使用的飞行器叫航宇器。

航天和航宇统称为宇宙航行,简称宇航。

5.声速

在15℃空气中声音传播的速度叫声速,一般为340米/秒。空气温度每

升高1℃,声速增加约0.6米/秒。

6.马赫(M)数

马赫是表示声速的量词,又叫马赫数,用M表示。马赫数即M数,1马赫即1倍声速(M=1)。

7.速度的分类

低速:M≤0.3;

亚声速:M=0.3~0.8;

跨声速:M=0.8~1.2;

高亚声速:M=0.8~0.9;

超声速:M=1.2~5.0;

高超声速:M=5.0~10.0;

高焓高超声速:M>10.0。

8.飞机的巡航

飞机完成起飞阶段进入预定航线后的飞行状态,或持续进行、接近于正常飞行的飞行状态称为巡航。在这个状态下的飞机飞行参数称为巡航参数,如巡航高度、巡航推力、巡航速度等。

巡航状态不是唯一的,每次飞行的巡航状态取决于气象条件、装载、飞行距离、经济性等。因此,飞机的每次飞行所选定的巡航参数常常有所不同。同样是巡航,由于任务要求不一样,选定的巡航速度也就不一样。例如:航程巡航、航时巡航、给定区间最小燃料消耗巡航等,虽然都要求飞机以比较省油、比较经济的速度巡航,但巡航速度是不一样的。航程巡航要求飞机能以航程最远的巡航速度飞行;航时巡航则要求飞机能以留空时间最长的巡航速度飞行等。

9.飞机的巡航速度

当发动机每千米消耗燃料最少情况下的飞行速度,称为巡航速度。航程巡航时的巡航速度又称为远航速度;航时巡航时的巡航速度又称为久航速度。

10.飞机的爬升率

爬升率又称爬升速度或上升率,是各型号飞机尤其是战斗机的重要性能指标之一。爬升率是指正常爬升时,飞行器在单位时间内增加的高度,单位为米/秒。飞机在某一高度上,以最大油门,按不同的爬升角爬升,所能获得爬升率的最大值称为该高度上的最大爬升率。以最大爬升率飞行时对应的飞行速度称为"快升速度",以此速度爬升所需时间最短。

飞机的爬升性能与飞行高度有关。高度越低,飞机的最大爬升率越大;高度增加后,发动机推力将减小,飞机的爬升率也相应减小,达到升限时爬升率等于 0。如 F-16 战斗机,在海平面的最大爬升率为 305 米/秒,高度 1 000 米时最大爬升率为 283 米/秒,高度 10 000 米时最大爬升率为 100 米/秒,当高度达到 17 000 米时,最大爬升率只有 12 米/秒。相对的还有下降率。

11. 飞机的最大航程

飞机的最大航程是指飞机在完全加满油、空载、平衡飞行等条件下航行的最大距离(不是往返)。

12. 飞机的升限

飞机的升限是指飞机所能达到的最大平飞高度。

当飞机的飞行高度逐渐增加时,空气的密度会随高度的增加而降低,从而影响发动机的进气量,进入发动机的进气量减少,推力一般也减小。达到一定高度时,飞机因推力不足,已无爬升能力而只能维持平飞,此高度即为飞机的升限。

飞机的升限可分为理论升限和实用升限。理论升限为,发动机在最大油门状态下,飞机能维持水平直线飞行的最大高度;实用升限为,发动机在最大油门状态下、飞机爬升率为某一规定值时,所对应的飞行高度。在实际的飞行中,受载油量等因素的影响,大部分飞机是无法达到理论升限的。因为要想爬升至理论升限需要用很长的时间,并且越往上越慢,还未达到标准,燃油就耗尽了。所以,人们常用的是实际升限,用以表明某飞机的性能。

实用升限更确切的定义是,某飞机在给定的重量和发动机工作状态下,飞机在垂直平面内做等速爬升时的飞行高度。对于亚声速飞行,最大爬升率为 0.5 米/秒时的飞行高度;对于超声速飞行,最大爬升率为 5 米/秒时的飞行高度。对于军用飞机,亚声速飞行,最大爬升率为 2.5 米/秒时所能达到的飞行高度;超声速飞行,最大爬升率为 5 米/秒时所能达到的高度,均定义为战斗升限。

提高飞机升限的主要措施,有增大发动机在高空时的推力(即发动机的高空性能要好)、提高飞机的升力,降低飞行阻力,减轻飞机重量等。

13.飞机的作战半径

作战半径适用于战斗机、攻击机、轰炸机等军用飞机。作战半径是指战斗机携带正常作战载荷,在不进行空中加油,自机场起飞,沿指定航线飞行,执行完任务后返回原机场所能达到的最远距离,小于1/2航程。

转场航程是指飞机尽最大可能携带燃料,所能达到的最远航程,此时并不优先考虑其他有效载重量。这种状态适用于飞机非作战远程转移。

14.飞行器的"三障"

100多年来,人类在探索飞行器的过程中,在技术上遇到了3个障碍,称为航空航天科学技术发展道路上的3个"拦路虎"。就是人们常说的"三障",即"音障"、"热障"、"黑障"。

"三障"是随科学技术的发展,飞行器的飞行速度越来越快所致(图1)。

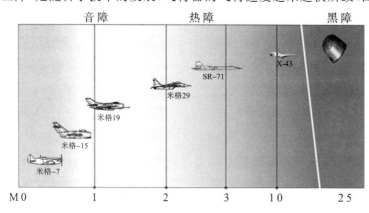

图1　飞行速度与"三障"的关系

15.音障

当飞机用亚声速(M＜0.75)以下的速度飞行时,在机头前的空气受到的冲击压力不大,空气微团可避让飞行,声波也能向机斗前方传播,飞机能顺利飞行(图2)。

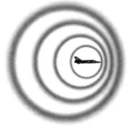

当飞机速度提高到接近声速(M≥0.8)时,机头前部(包括机翼前缘)的空气来不及避让飞机(图图2　亚声速飞行的波形图3),此时飞机的迎流面对空气的压力加大,空气密度随之增大,飞机要消耗

更多的能量推开机头前方的高压空气。待飞机的速度达到声速时,声波就不能向前传播,产生很大的激波阻力,使机头前部的空气温度升高,能量叠聚,形成一堵高温高压的空气墙,使飞机难以逾越,这种现象就叫作"音障"。

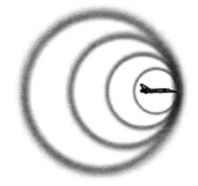

图 3　声速飞行的波形图

当加大飞机的动力,改进飞机的结构外形(如头部尖锥形、后掠翼等)就可以突破"音障",此时飞机可轻易地飞行在声波前方(图 4)。

图 4　超声速飞行的波形图

飞机突破"音障"时产生的爆炸声称为"音爆"。当飞机的飞行速度达到声速时,受到音障的阻碍。这个阻碍实际上是飞机头部的压缩空气幕给飞机一个反作用力,若此时飞机加大油门提高动力,"嘭"的一声就穿过了这层阻力层。"音爆"的能量很大,若在城市上空做突破"音障"飞行,"音爆"的冲击波可能造成对建筑物的破坏。图 5 所示,是飞机在突破"音障"瞬间的照片。从照片中可以看出,飞机在突破"音障"时是有声有色的。

图 5　飞机突破"音障"瞬间

16. 热障

当飞行器在稠密大气中作超声速飞行时,受激波与机体间高温压缩气体的加热,机体表面与空气强烈摩擦的影响,飞行器蒙皮的温度会随 M 数的提高而急剧上升。飞机 M 数为 2.0 时,机头处的温度略超过 100℃;当 M 数等于 3.0 时,飞行器表面的温度则升到 350℃ 左右,已超过了铝合金的极限温度,强度大大削弱。航空界把飞行器高速飞行时所遇到的这种高温情况称为"热障"。一般把 M=2.5 作为"热障"的界限,低于这一值,气动加热不严重,可用常规的方法和材料设计、制造飞机;高于这一值,则必须采取克服气动加热问题的措施,如用耐高温的材料(钢、钛合金、耐高温复合材料)制造飞机的蒙皮和框架等。宇宙飞船、返回式卫星在重返大气层时 M 数更高,它们的外表面温度可达 1 000℃。为保证其不被烧毁,飞船和返回式卫星的头部包上一层烧蚀材料,让它在高温时烧掉,以吸收气动加热时产生的热能;而航天飞机则表面有耐高温瓷瓦。

飞行器的飞行速度达到 3 倍声速时,前端温度可达 330℃;6 倍声速时,可达 1 480℃;20 倍声速时,可达 10 000℃ 以上。高速导致高温这似乎是一道不可逾越的障碍,称为"热障"。

17. 黑障

飞行器因气动加热外表面形成电离层,出现电磁波屏蔽,与外界无线电通讯被中断,这一现象称为"黑障"。

当飞船返回舱或航天飞机返回地球时,到了大气层段,将以超高速进入大气层,速度可达每秒7.5千米。以此速度飞行的返回舱(航天飞机)对迎流面的空气能造成强大的压力。另外,气流还与舱体表面形成了强烈的摩擦,产生巨大气动加热,使舱体表面急聚升温,可达1 000~2 000℃,形成一个气动加热的高温层包裹着高速飞行的返回舱。贴近返回舱表面的气体和返回舱材料表面的分子被分解和电离,形成一个等离子层。由于等离子体具有吸收和反射电磁波的能力,因此,包裹返回舱(航天飞机)的等离子体层,实际是一个等离子电磁波屏蔽层。当返回舱(航天飞机)进入被等离子体包裹的状态时,舱外的无线电信号进不到舱内,舱内的电信号也传不到舱外,一时间舱内、外失去了联系,在技术上对这种现象称为"黑障",目前国际上尚无很好的解决办法。好在造成屏蔽时间很短,而且当返回舱出现"黑障"时处于正常下降轨道状态,没有无线电测控也影响不大,仅4分钟返回舱降至稠密大气层开伞减速后,"黑障"即可消除。

"黑障"问题至今尚未解决,相信随着科学技术的进步,这一难题是会解决的。

18.飞机的黑匣子

黑匣子只是一个俗名,正式名字是飞行信息记录系统。它是判断飞行事故原因最重要、最直接的证据。虽然叫黑匣子,但却不是黑色的,而是醒目的橙色。在电子技术中,把只注重其输入和输出的信号而不关注其内部情况的仪器统统称为黑匣子。飞行信息记录系统是一种典型的黑匣子式的仪器。

飞行信息记录系统包括两套仪器:一是驾驶舱语音记录器,实际上就是一个磁带录音机。从飞行开始,它就不停地把驾驶舱内的声音(如谈话、发报等)全部记录下来,但只能保留停止录音前30分钟的声音。第二部分是飞行数据记录器,它把飞机上的各种数据即时记录在磁带上。记录的数据可达60分钟以上,如飞机的加速度、姿态、推力、油量、操纵面的位置等。记录时间是最近的25小时,25小时以前的记录就被抹掉了。

黑匣子安装在飞机尾翼下方的机尾处,因为这是飞机上最安全的地方。

黑匣子是特殊钢材制造的、耐热抗震的球形或长方形容器,能承受自身重量 1 000 倍的冲击,经受 11 000℃的高温 30 分钟而不破坏,在海水中浸泡 30 天而不进水。它的内部装有自动信号发生器,能发射无线电信号,便于空中搜索;还装有超声波水下定位信标,当黑匣子落入水中后可以自动连续 30 天发出超声波信号,便于寻找。黑匣子在改进飞机设计,促进航空技术进步,保障飞行安全等方面,功不可没。

19. 飞机的适航

适航,即适航性的简称,是民用航空器的一个属性专用词。

民用飞机的适航性是指该飞机包括其部件及子系统整体性能在预期运行环境和使用限制下的安全性和物理完整性。这种品质要求飞机应始终符合型号设计并始终处于安全运行状态。

20. 飞机放电刷

飞机是一个很大的屏蔽体,为防止雷击,飞机上装有防雷击装置,一般把安装在飞机表面尖端部分(如翼尖)的避雷针,叫做"放电刷",严格讲叫做飞机的静电放电刷。

放电刷的放电原理:放电刷的阻抗比较大才正常(一般不大于 25～50 兆),但放电刷的尾部则有一个金属针用于放电;众所周知,飞机在空气中运动,由于空气和其他杂质的摩擦,在飞机机身上将产生静电荷(摩擦生电),一般为正电荷。通常电荷均匀分布在机身表面,但大气层也是一个电磁场,由于电磁场的作用,导致这些电荷集中到飞机外表比较尖顶、薄的边缘区域。如果没有放电刷的作用,在电荷积累到一定能量时将导致空气或云层水分子之间的击穿放电,也就是我们说的闪电现象("雷击"现象)。由于放电刷的端部装了一个很小的金属针,在大气中由于电磁场的作用,带电电荷都集中到放电刷的金属针头上,引起局部非常小能量的"雷击"效应,从而将积聚在飞机机体表面的电荷能量释放,即尖端放电。例如,波音 747-400

放电刷

图 6　飞机放电刷

飞机全机共有 38 个放电刷(图 6)。

21.雷达罩上的导流条

雷达罩上的导流条和飞机上的放电刷都是用于防止静电干扰的,但作用正好相反。

大家知道,金属材料是电的导体,电荷可以自由流动,而复合材料是电的不良导体,容易积聚电荷。飞机雷达罩是透波复合材料(雷达波能够穿透的材料)制成的。作为飞机机体的一部分,雷达罩的表面在飞行中也会有电荷的积聚,一方面会导致遭"雷击",另一方面也导致屏蔽掉雷达波的穿透,造成雷达工作不正常或探测不到应该探测到的气象、地形状态(民机)、作战目标(军机)。雷达罩上导流条的作用是将非导电体雷达罩表面的静电电荷通过导流条传导到机身表面去,避免雷达罩表面上电荷的积聚(图 7)。

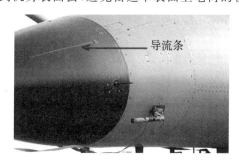

图 7　雷达罩导流条

22.飞机起飞距离

飞机从开始滑跑到离开地面并升到一定高度的运动过程,称为起飞。起飞距离是飞机的一个性能指标,起飞距离短则性能优越(图 8)。

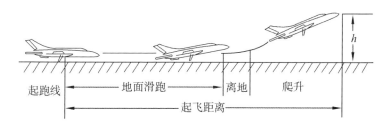

图 8　飞机的起飞

飞机起飞分为地面滑跑、离地、爬升3个阶段。爬升阶段是指离地阶段后到离开地面25米这一人为规定的安全高度。

起飞距离是指地面滑行、离地、爬升3个阶段所经过的距离总和。

23.飞机着陆距离

飞机从一定高度下滑,并降落地面滑跑直至安全停止运动的整个过程,称为着陆。着陆距离是飞机的一个性能指标,着陆距离短则性能优越(图9)。

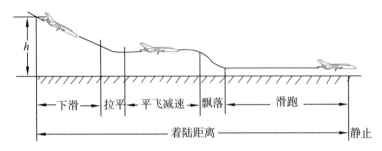

图9 飞机的着陆

一般飞机着陆过程分为下滑、拉平、平飞减速、飘落触地和着陆滑行5个阶段。

着陆距离是指飞机着陆过程飞越的地面距离的总和。

(二)飞机飞行的基本原理

重于空气的飞机,是依靠与空气相对运动所产生的空气动力飞行的。

1.流动气体的基本规律

流体在流动过程中的物理参数,如速度、压力、温度和密度等都会发生变化。它们在变化过程中必须遵循基本的物理定律,如质量守恒定律、能量守恒定律、牛顿运动定律等。用流动气体的基本规律解释空气动力产生的机理,进而说明飞机上产生空气动力的原因。

2.飞机相对运动原理

重于空气的飞机,是靠飞机与空气相对运动所产生的空气动力,克服自身重力而升空的,飞机没有飞行速度就不会产生空气动力。空气动力的产生是空气和飞机之间有了相对运动的结果。例如,有风的时候,我们站着不动,会感到有空气的力量作用在身上;没有风的时候,如果我们骑车飞跑,也会感到有空气的力量作用在身上。这两种情况虽然运动对象不同,但产生的空气动力效果是一样的。前一种是空气流动,物体不动;后一种是空气静止,物体运动。因此,只要物体和空气之间有相对运动,就会在物体上产生空气动力。

飞机飞行也是一样,飞机以 300 千米/小时的速度在静止的空气中飞行,或者气流以 300 千米/小时的速度从相反的方向流过静止的飞机,二者的相对速度都是 300 千米/小时。这两种情况,在飞机上产生的空气动力完全相等,可以把上述两种情况看成是等效的,叫做"相对运动原理"(或可逆性原理,图 10)。

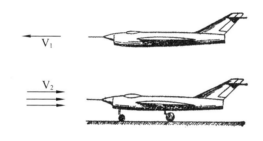

图 10　相对运动的转换——可逆性原理

3.飞机的飞行原理

飞机向前运动时,空气流到机翼前缘,分为上下两段,流过机翼上表面的流线,受到凸起的影响而收敛变密,流管(把两条临近的流线看成管子的管壁)变细;流过下表面的流线也受凸起的影响,但下表面的凸起程度明显小于上表面,所以,相对于上表面来说流线较疏松,流管较粗。由于机翼上面流管变细,流速加快,压力较小,而下表面流管粗,流速慢,压力较大。这样在机翼上、下表面出现了压力差。这个作用在机翼各切面上的压力差的总和便是机翼的升力(图 11)。升力方向与相对气流方向垂直,大小主要受飞行速度、迎角(翼弦与相对气流之间的夹角)、空气密度、机翼切面形状和机翼面积等因素的影响。当然,飞机的机身、水平尾翼等部位也能产生部分升力,但机翼升力是飞机升空的主要升力源。飞机之所以能起飞落地,主要是通过改变升力的大小而实现的。这就是飞机能离地升空并在空中飞行的奥秘。

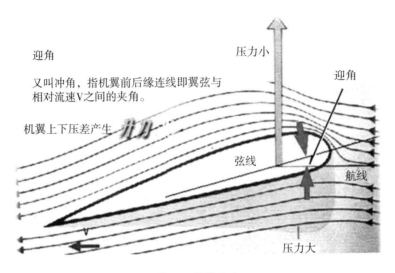

迎角

又叫冲角,指机翼前后缘连线即翼弦与
相对流速V之间的夹角。

机翼上下压差产生

压力小

迎角

弦线

航线

压力大

V

图 11　机翼升力

(1)升力和增升装置:影响升力的因素如下。

①机翼面积:用 S 表示,机翼面积越大,则产生的升力也越大;

②相对速度:用 V 表示,相对速度越大,则升力也越大,而且升力与相对速度的平方成正比;

③空气密度:用 ρ 表示。空气密度越大,则升力也越大;

④机翼的剖面形状和迎角的影响:因为不同的剖面和不同的迎角,会使机翼周围的气流速度及压强发生变化,导致升力的改变。所以,机翼的剖面形状和迎角的不同,则产生的升力也不同。

通过实验和理论的证明,可得出升力公式:

$$Y = Cy(\frac{1}{2}\rho V^2)S$$

式中:Y—升力;ρ—空气密度,千克/米^3;V—飞机和气流的相对速度,米/秒;S—机翼面积,米^2;Cy—升力系数(由试验得出,反映了翼面形状和迎角的影响)。

增加升力的措施:改变机翼剖面形状,增大机翼弯度;增大机翼面积,通过增升装置实现;改变气流的流动状态,延缓气流分离。

(2)阻力和减阻措施:阻力是与飞机运动方向相反的空气动力,起着阻碍飞机前进的作用。飞机在飞行时,不但机翼上会产生阻力,飞机的其他部件如机身、尾翼、起落架等都会产生阻力。现代飞机在巡航时,机翼阻力占总阻力的 $25\%\sim35\%$。要让飞机能持续飞行,必须由发动机产生足够的推力和拉力,用以克服阻力。

阻力和升力一样,也是总空气动力的一部分,同样阻力公式如下:

$$Q = Cq(\frac{1}{2}\rho V^2)S$$

式中:Q—阻力,牛顿(N);ρ—空气密度,千克/米^3;V—飞机与气流的相对速度,米/秒;S—机翼面积,米^2;Cq—阻力系数(由试验求得,反映了翼面形状和迎角的影响)。

飞机的阻力按其原因不同,分为摩擦阻力、压差阻力、诱导阻力、干扰阻力、激波阻力(超声速飞行时)等。

①摩擦阻力:空气的物理特性之一就是黏性。当空气流过飞机表面时,飞机表面上的空气速度和外界空气速度不同,即有相对运动,由于空气具有黏性,空气同飞机表面发生摩擦,产生一个阻止飞机前进的力,这个力就是摩擦力。空气黏性越大,飞机表面越粗糙,飞机表面积越大,摩擦阻力就越大。

减阻措施:飞机表面应呈光滑流线。

②压差阻力:人在逆风中行走,会感到阻力的作用,这就是一种压差阻力。由前后压力差形成的阻力称为压差阻力。

减阻措施:尽量减小飞机的最大迎风面积;飞机做成流线性;机头安装整流罩。

③干扰阻力:就是飞机各部件组合到一起后,由于气流的相互干扰而产生的一种额外阻力,称为干扰阻力。

减阻措施:使飞机各部件之间尽量平滑地融合在一起,使连接处圆滑过渡,如翼(机翼)身(机身)融合体等。

④诱导阻力:主要产生在机翼上,是由升力诱发出来的。翼面上方压力小,而下方压力大,在翼尖部分下面的空气就会绕过翼尖流向上翼面,从而在翼尖产生气流漩涡,从而产生诱导阻力。

减压措施:增大展强比;选择适当的平面形状;在翼尖加装小翼;在翼面加装翼刀,降低诱导阻力。

⑤激波阻力:飞机超声速飞行会使飞机周围的气流状态发生很大变化,

飞机阻力急剧上升,产生激波。在强大的激波和波阻的影响下,飞机会发生强烈振动,难于操纵,严重时造成飞机坠毁。这种现象被人们称为"声障"。当飞机的速度接近或超过声速时,推力要增大到一定程度,才能克服激波阻力。

减压措施:采用超声速翼型,即薄翼;采用后掠翼、三角翼,小展弦比;机身采用尖头,又细又长的圆柱形;采用跨声速面积率设计飞机等。

(三)飞机发展简史

两千多年前中国人发明的风筝,是人类历史上第一个航空器。虽然不能把人带上太空,但它确实可以称为飞机的鼻祖。

飞机是 20 世纪最大的发明之一。

1903 年美国莱特兄弟制造出第一架依靠自身动力进行载人飞行的"飞行者"1号,试飞成功(图 12)。1903 年 12 月 7 日,莱特兄弟驾驶他们制造的航空器进行了首次持续的、有动力的、可操作的飞行。

1910 年 12 月 10 日,罗马尼亚人亨利·科安达设计研制成世界上最早的第

图 12 "飞行者"1号

一台喷气发动机。他毕业于法国高等技术学校。他设计的发动机是用一台50 马力的发动机使风扇向后推动空气,同时增设一个加力燃烧室,使燃气在喷管中充分膨胀,以此来增大反推力。

1934 年德国设计师奥安获得离心型涡轮喷气发动机专利。1939 年 8 月27 日奥安制成 He-178 喷气式飞机(图 13)。

图 13 He-178 喷气式飞机

喷气发动机研制出之后,科学家们进一步让飞机进行突破音障的飞行。1947年10月14日在美国加利福尼亚州的桑格菲尔地区,贝尔公司试飞能冲破音障的飞机,该架小型飞机命名为X-1飞机,马赫数达到1.06,飞行高度13 000米。驾驶员查尔斯·耶格尔成为世界上超音速飞行的第一人(图14)。

图14　首架突破音障的X-1试验飞机

1939年9月14日,美国工程师西科斯基(原籍俄国,1930年定居美国)研制成功VS-300直升机试飞成功,这就是世界上第一架实用型直升机,称为现代直升机的鼻祖(图15)。

20世纪20年代飞机开始载运乘客,第二次世界大战结束初期,美国开始把大量的运输机改装成为客机。20世纪60年代以来,世界上出现了一些大型运输机和超声速运输机,逐渐推广使用涡轮风扇发动机。著名的有前苏联的安-22、伊尔-76(图16),美国生产的C-141、C-5A、波音-747,法国的空中客车等。

世界上最早的超声速民航机是英、法联合研制的"协和"飞机(图17)和前苏联

图15　VS-300直升机

图16　伊尔-76大型运输机

的图-144 飞机(图 18)。

"协和"飞机:1962 年英、法两国决定合作研制超声速民航机,正式命名为"协和"式飞机。1966 年开始研制,1969 年开始试飞,1974 年取得适航证。全球共生产 13 架协和式飞机,其中英航 7 架、法航 6 架。

"协和"飞机的主要性能:最大巡航速度 2 333 千米/小时,经济巡航速度 2 180 千米/小时,最大油量航程(商载 5.36 吨) 7 215 千米,最大载重航程 4 900 千米,最大起飞重量 175 吨,使用重量 78 吨;商务载重 11 吨,最大燃油量 117 285 升,最大着陆重量 11 吨,装 4 台"奥林巴斯"涡轮喷气发动机,推力 4×17 260 千克,驾驶舱可容 4 人、客舱 128~144 人。

图 17 "协和"飞机

飞机尺寸:翼展 25.6 米,全长 62.17 米,机高 11.4 米,机翼面积 358.25 米^2。

"协和"飞机售价过高,效益不佳,于 20 世纪 80 年代停航。

前苏联图-144 是世界上最早的超声速民航机,早于"协和"超声速民航机 3 个月首飞,总共生产 16 架。图-144 是前苏联图波列夫设计局研制的超声速民航机,采用下单翼结构,狭长的三角翼,无平尾,可下垂的机头。由于 4 台发动机分别挂在机翼下侧,3 人驾驶舱,机头两侧可伸缩的前翼等特性,使得图-144 飞机比"协和"

图 18 图-144 飞机

飞机更为先进,飞行性能和舒适度都优于"协和"飞机。

图-144 飞机主要性能:翼展 28.8 米,机长 62.7 米,机高 12.85 米,标准客舱布局载客 140 人,空机重 85 吨,最大起飞总量 180 吨,最大燃油量 100 吨,最大巡航速度 M2.35(约 2 500 千米/小时),正常巡航速度 M2.2(约 2 300 千米/小时),巡航高度 18 000 米,最大载重航程 6 500 千米,选用 4 台库兹涅佐夫 HK-144 涡扇发动机。

该飞机因经济效益差,于 1984 年停航。

世界上第一架垂直—短距起落攻击机是英国原霍克飞机公司和布里斯托尔航空发动机公司研制的"鹞式"飞机(图 19)。

图 19 "鹞式"飞机

它是 1957 年开始立项研制,1960 年 10 月开始系留悬停试验,随后又进行了自由悬停和常规试飞,美国后来引进改型成 AV-8B 飞机。

(四)飞机的分类

飞机不仅广泛应用于民用运输和科学研究,还是现代军事里的重要武器,所以飞机分为民用飞机和军用飞机。

民用飞机有客机、运输机、农业机、森林防护机、航测机、医疗救护机、游览机、公务机、体育机、试验研究机、气象机、特技表演机、执法机等。

军用飞机有战斗机(执行空战的歼击机和执行拦击任务的拦截机)、轰炸机、攻击机、军用运输机、预警机、电子战机等。

飞机按机翼数目,分为单翼机、双翼机和多翼机(图 20～图 22)。

图 20 单翼机

图 21 双翼机

图 22　多翼机

　　飞机按机翼相对机身的位置,分为下单翼、上单翼和中单翼(图 23～图 25)。

图 23　下单翼

图 24　中单翼

图 25　上单翼

飞机按机翼平面形状，分为平直翼飞机、后掠翼飞机、前掠翼飞机和三角翼飞机(图26～图29)。

图 26　平直翼飞机

图 27　后掠翼飞机

图 28　前掠翼飞机

图 29　三角翼飞机

飞机按水平尾翼的位置和有无水平尾翼，分为正常布局飞机(水平尾在机翼之后)、鸭式飞机(前机身装有小翼面)和无尾飞机(没有水平尾翼)(图30～图32)。

图 30　正常布局飞机

图 31　鸭式飞机

图 32　无尾飞机

正常布局的飞机有单垂尾飞机、双垂尾飞机、多垂尾飞机和 V 型尾翼飞机等（图 33～图 36）。

图 33　单垂尾飞机　　　　　　　图 34　双垂尾飞机

图 35　多垂尾飞机　　　　　　　图 36　V 型尾翼飞机

飞机按推进装置的类型分为螺旋桨飞机和喷气式飞机（图 37、图 38）。

图 37　螺旋桨飞机　　　　　　　　图 38　喷气式飞机

飞机按发动机的类型,分为活塞式飞机、涡轮螺旋桨式飞机和喷气式飞机(图 39～图 41)。

图 39　活塞式飞机　　　　　　　图 40　涡轮螺旋桨式飞机

图 41　喷气式飞机

飞机按发动机的数目,分为单发飞机、双发飞机和多发飞机(图 42～图 44)。

图 42　单发飞机

图 43　双发飞机

图 44　多发飞机

　　飞机按起落装置的型式,分为陆上飞机、水上飞机和水陆两用飞机(图45～图47)。

图 45　陆上飞机

图 46　水上飞机

图 47 水陆两用飞机

另外,飞机按飞行速度分为低速飞机、亚声速飞机、超声速飞机、高声速飞机,按航程分为近程飞机、中程飞机、远程飞机。

(五)飞机的基本构造

飞机是指具有机翼和一具或多具发动机,靠自身动力能在大气中飞行的重于空气的航空器。

飞机具有两个最基本的特征:一是它自身的密度比空气大,而且是由动力驱动前进;二是飞机有固定的机翼,机翼提供升力使飞机翱翔于天空。两个特征缺一不可,否则不能称为飞机。例如:一个航空器的密度小于空气,称为气球或飞艇;如果没有动力装置,只能在空气中滑翔,则称为滑翔机;航空器机翼如果不固定,靠机翼旋转产生升力,称为直升机或旋翼机。因此,飞机的精确定义为有动力驱动的,有固定机翼的,而且重于空气的航空器。

飞机主要由五部分组成:机身、机翼、尾翼、起落装置和动力装置(图48)。

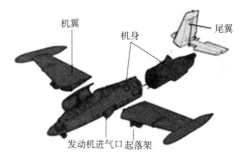

图 48 飞机组成

1. 飞机结构的基本要求

(1)飞机的战术技术和使用技术要求:为了完成各种不同的任务,对不同的飞机有不同的技术要求。对于军用飞机称为战术技术要求,对于民用飞机称为使用技术要求。

（2）空气动力要求：当飞机结构与气动外形有关时，飞机结构应具有良好的空气动力外形，必要的准确度和表面质量。飞机的气动外形主要是根据飞机性能要求和飞行品质（操纵性、稳定性等）要求决定的。如果飞机结构达不到必要的气动要求，将会导致飞行阻力增加，升力降低，飞行性能和飞行品质变坏。

（3）设计一体化要求：随着现代飞机飞行速度、升限和航程的不断增加，为了提高军用飞机的生存力和战斗力，各国都在努力发展隐身技术，提出了飞机设计向综合性和一体化的发展，对飞机结构提出了新的要求。三棱锥面用于外形隐身设计，如 F-117 的机翼下表面和机身上表面均为许多小平面构成的三棱锥面，外挂架埋入式布局，提出了隐身结构一体化要求；翼－身融合技术，如苏-30MK 采用了翼－身融合技术，大大改善了飞机的气动性能，但增加了结构的复杂性。

（4）结构完整性要求：所谓结构完整性，是指关系到飞机安全使用、使用费用和功能的机体结构，如强度、刚度、损伤容限及耐久性（或疲劳安全寿命）等的总称。

强度是指飞机结构在承受外载荷时抵抗破坏的能力。刚度是指结构在外载荷作用下抵抗变形的能力。强度不够，会引起结构破坏。刚度不足，不仅会产生过大变形，破坏气动外形，而且还会在一定的飞行速度下产生很危险的振动现象。

（5）最小质量要求：在满足飞机的空气动力要求和结构完整性要求的前提下，应使结构的质量尽可能轻，即达到最小质量要求。因为结构质量的增加，在总质量不变的情况下，就意味着有效载荷的减小或飞行性能的降低。合理的结构布局是减轻结构质量最主要的环节。

减轻结构质量是飞机设计和制造人员的重要使命，也是飞机型号研制成败的关键。世界上所有飞机设计和制造部门的一个共同口号是："为减轻飞机的每一克质量而奋斗"。

（6）使用维护要求：飞机良好的维护性可以提高飞机在使用中的安全可靠性和保障性，可以有效降低保障使用成本。对于军用飞机，缩短每飞行小时的维护时间和再次出动的时间，可使飞机及时处于临战状态，提高战备完好性。

（7）工艺要求：要求飞机结构具有良好的工艺性，便于加工、装配。这些需要结合产品的数量、机种、需要的迫切性和加工条件等综合考虑，还应对材料、结构的制造和结构修理的工艺性给予足够的重视。

（8）经济性要求：20世纪经济性主要是指生产和使用成本。进入21世纪提出了全寿命周期费用的概念（也叫全寿命成本），主要是指飞机的概念设计、方案论证、全面研制、生产、使用及保障6个阶段直到退役或报废期间所付出的一切费用之和。全寿命周期费用的85％产生于生产费用、使用费用和保障费用。减少生产费用最根本的是结构设计的合理性；减少使用费用和保障费用的关键是结构的可靠性和维护性，这也与结构设计直接有关。

2. 飞机的组成

（1）机身：机身是飞机上用来装载人员、货物、武器、机上设备等的部件。机身可将飞机的机翼、尾翼、起落架等部件连成一个整体。在轻型飞机和战斗机上，还可将发动机装在机身内。机身一般为纺锤形流线体，少数设计成带尾撑的。机身结构由蒙皮、纵向和横向骨架组成。机身按结构元件的受力特点，可分为桁架式、梁式、半硬壳式和硬壳式。

（2）机翼：机翼是飞机上用来产生升力的主要部件，以支持飞机在空中飞行，也有一定的稳定操纵作用。机翼有各种形状，数目也有不同。一般分左右两个翼面，对称布置在机身两侧。机翼上通常有一些活动部件，驾驶员通过操纵这些活动部件可以改变机翼的形状，控制机翼升力或阻力分布，从而达到增加升力或改变飞机飞行姿态的目的。常用的活动翼面，包括各种前后缘襟翼、副翼、扰流片、减速板、升降副翼等。机翼内部经常用来放置燃油，在机翼厚度允许的情况下，飞机主起落架也经常全部或部分收在机翼内。此外，许多飞机的发动机或直接固定在机翼上，或吊挂在机翼下面。

机翼可按照俯视平面形状的不同，分为平直翼、后掠/前掠翼和三角翼三类；也可以按照主要承弯结构元件的不同，分为梁式机翼和单块式机翼两类；还可根据翼梁在机翼中的数目，分为单梁、双梁和多梁式机翼。在单翼式飞机上，可按机翼在机身上下的相对位置，分为上单翼、中单翼和下单翼。历史上曾流行过双翼飞机，但现代飞机一般都是单翼机。

（3）垂直尾翼：垂直尾翼又称垂直安定面，垂直装在飞机尾部上方，起保持飞机航向平衡、稳定和操纵作用的翼面，简称垂尾。其固定的前半部分为垂直安定面;铰接在垂直安定面后面的一部分称为方向舵,在驾驶员操纵下可左右偏转。有极少数超声速飞机采用全动式垂直尾翼,即垂尾是一个完整的翼面,可整体地绕垂直轴左右偏转。

多数飞机只有一个位于机身对称面内的垂尾,称为单垂尾布局。在一些多发动机螺旋桨飞机上,为了利用螺旋桨后面的滑流提高垂尾效率,也有采用双垂尾布局的。即将垂尾分为两个翼面,装在平尾两端,正好处在滑流之中,同时也可起平尾端板的作用,提高平尾的效率。超声速战斗机上也广泛采用双垂尾布局。这是因为在超声速飞行中,为了保证飞机有足够的方向稳定性,需要一个较大面积的垂尾。如果采用双垂尾布局,可以降低垂尾高度,减小垂尾在飞机侧滑时产生的滚转力矩。另外,还有极少数飞机采用多垂尾布局。

(4)水平尾翼:水平尾翼又称水平安定面,位于飞机尾部,起俯仰稳定、配平和操纵作用的水平翼面,简称平尾。通常由前半部分固定的水平安定面和后半部分铰接在水平安定面后面的升降舵组成。升降舵可上下偏转,通常还设置调整片。

由于飞机在飞行中机翼升力不可能在所有状态下都能通过飞机重心,因此会产生一个不平衡的力矩。此时,驾驶员通过拉杆或推杆(驾驶杆)使升降舵下偏或上偏,产生负升力或正升力,形成一个与之平衡的力矩。升降舵的上偏或下偏操纵,可使平尾产生一个能使飞机抬头或低头的力矩,使飞机由平飞转入爬升或俯冲状态。平尾距飞机重心较远,较小的平尾升力就足以保持飞机的平衡。飞机在飞行中因各种干扰偏离原来的飞行姿态时,平尾具有恢复飞机原有姿态,对飞机起俯仰稳定的作用。按照平尾与机翼的相对位置的不同,可分为高置、中置和低置平尾。前者高于机翼弦面,有的装在立尾的顶端,称 T 形平尾。按照平尾的运动状态,又可分为可调式、全动式和差动式平尾。

(5)副翼:装在机翼后缘,用于控制飞机绕机身纵轴滚转的操纵面。在外形上,它是机翼后缘的一部分。左、右副翼对称地装在左、右机翼上,偏转由驾驶员控制。右副翼上偏时,左副翼向下,使左、右机翼的升力不相等,从而形成一个使飞机右滚转的力矩,反之亦然。在有些具有大展弦比后掠翼的飞机上,在机翼的内侧增设一对副翼。它们和机翼外侧副翼分别称为高速副翼和低速副翼。飞机低速飞行时用外侧副翼,高速时仅用内侧副翼。由于内侧副翼所在部位的机翼扭转刚度较大,在高速时仍能够保持足够的效率。内侧副翼也称为全速副翼。副翼通过两个以上悬挂接头连接在机翼后梁上。为使副翼的重心尽量靠近转轴,副翼的前缘处常装有配重,防止副翼颤振。

（6）多缝襟翼:在机翼和襟翼之间设置了二三个或多个小翼面,能形成两个以上缝隙的襟翼;或襟翼本身就由多个小翼面组成,襟翼下偏时,能形成多个缝隙的襟翼。它能起到抑制机翼上翼面气流分离的作用。这种襟翼后退量、下偏量都很大,与前缘增升装置（如克鲁格襟翼、前缘缝翼）组合应用,增升效果显著,而且不会使机翼力矩产生较大变化。但其构造复杂、重量大,滑轨及操纵系统往往突出机翼表面,而需要设计专用的小短舱。现代大型旅客机、运输机上广泛采用多缝襟翼。

（7）前缘缝翼:安装在机翼前缘并与机翼翼面间形成缝隙的小翼面。它是增升装置中前缘襟翼的类型之一,有固定式和可动式两种,但多数为可动式。固定式的相当于在机翼前缘开了一条缝隙,在飞机大迎角飞行时推迟上翼面边界层的分离。可动式的在飞机高速或小迎角飞行时,缝翼紧贴在机翼前缘上。在起飞、着陆或空战等大迎角情况下,缝翼自动向前伸出,与机翼前缘形成一条缝隙,使部分气流自下翼面经夹缝流到上翼面,为上翼面边界层内的阻滞气流加速,延缓上翼面的气流分离,降低了失速速度。

前缘缝翼不仅用于机翼前缘,也可用于水平尾翼和襟翼前缘。通常大型飞机机翼的前缘缝翼采用液压作为动力,但在有的小型飞机上利用机翼前缘的负压自动开启。

（8）增升装置:按照增加机翼升力原理的不同,分为气动力增升装置和动力增升装置两大类。机翼上用来改善气流状况,以增加升力的活动面,具有能够改善飞机起飞、着陆或机动飞行性能的作用。飞机的增升装置主要由各种机翼的前、后缘襟翼组成。

气动力增升装置通过增加机翼弯度、增大机翼面积和延迟气流分离等方法,增加机翼升力。

动力增升装置的增升原理,是让发动机喷流或螺旋桨后的滑流流过机翼,利用偏转后缘襟翼的方法使高速气流向下偏折,从而增大机翼升力。这

种增升方法虽然是通过机翼实现的,但实质上是利用了发动机的推力转向,得到了附加升力。喷流偏转又分为上翼面偏转和下翼面偏转。

3.动力装置

推力是产生推动飞机前进的动力。喷气发动机可直接产生推力使飞机前进,活塞发动机靠螺旋桨来产生拉力。动力装置除发动机外,还包括一系列保证发动机正常工作的系统,如燃油供应系统等。

利用燃气涡轮驱动的压气机将气体工质压缩,经加热后在涡轮中膨胀并将部分热能转换为机械能,用于航空器的旋转式动力机械,主要部件是压气机、燃烧室及带动压气机的燃气涡轮。这三部分组成燃气发生器,空气在压气机中被压缩后,在燃烧室中与喷入的燃油混合燃烧,生成高温高压燃气来驱动涡轮作高速旋转,并将其部分能量转变为涡轮功。涡轮带动压气机工作,不断吸进空气并进行压缩,这是发动机能连续工作的条件之一。

按照燃气发生器排出的燃气中可用能量的利用方式,燃气涡轮发动机分为涡轮喷气发动机、涡轮风扇发动机、涡轮螺旋桨发动机、涡轮轴发动机及桨扇发动机。

航空推进技术涵盖了航空推进原理,包括航空发动机热力循环及性能分析、推进系统各部件的气动热力学原理、燃料燃烧和发动机噪声等,涡轮冷却、进气道—发动机—尾喷管一体化设计和飞机—发动机性能匹配、发动机工作稳定性等技术。

螺旋桨是把航空发动机(活塞式或燃气涡轮式)的轴功率转化为航空器拉力或推进力的叶片推进装置。

在第二次世界大战以前,螺旋桨是飞机唯一的推进装置。在马赫数0.86以下的低速飞机上,至今仍普遍采用螺旋桨推进。从发展趋势看,一种新型的高速螺旋桨(桨扇)可望用于高亚声速飞机上。

螺旋桨主要由桨叶、桨毂、变距机构以及其他附件组成。桨叶的外形像一扭转较大的机翼。在轻型飞机上一般采用双叶桨,中型飞机上采用3叶或4叶桨。重型飞机上有的采用双排转向相反的同轴螺旋桨,桨叶总数可达8叶。为了进一步提高效率、降低噪声,有的中型飞机上叶片也增加到6叶。螺旋桨的气动及声学性能优劣主要取决于桨叶的气动力设计。随着翼型理论的发展,螺旋桨理论也不断完善。层流翼型和超临界翼型的应用,使螺旋桨的巡航效率大为提高（M数达到0.86左右），起飞爬升性能也获得很大改进。早期的桨叶用硬木制成，后来改用钢或铝合金桨叶，以后又制成了钢薄壳桨叶，重量大为减轻。近代又广泛改用复合材料桨叶，重量进一步减轻，性能也大有提高。

桨毂为支撑桨叶和传递发动机功率的部件，作为主要的受力件，一般都用锻钢或复合材料制成。

早期螺旋桨的桨叶角都是固定不变的（称为定距桨），飞行状态一变，不仅螺旋桨效率下降，还影响发动机的功率输出。为克服这一缺点，20世纪20年代中期出现了恒速变距桨。由驾驶员置定发动机转速，桨叶角会随飞行状态的变化而自动调整，以维持恒速。变距桨的问世，是螺旋桨技术发展中的重要里程碑。

在近代多发螺旋桨飞机上，为了改善客舱的舒适性，普遍采用转速同步调节器。一方面调节各桨转速相同并恒定，以消除恼人的噪声，同时把各桨叶的相位角锁定在某一有利值下，利用声波相位消减原理降低噪声可达3～5分贝。

从20世纪70年代中期起，国外出现了一种适于高亚声速飞行的新型螺旋桨——桨扇。桨扇构型特点为短直径、宽叶和大扭转，以减轻空气压缩性的不利影响，估计可比高涵道比涡扇发动机节油30％以上，噪声性能也和涡轮风扇发动机相差不多。

4. 起落架

起落架是飞机在地面停放、滑行、起降滑跑时，用于支持飞机重量、吸收撞击能量的部件。早期飞机多采用固定式起落架，飞行中会产生较大的阻力。现代大多数飞机都采用可收放式起落架，飞行中起落架收入到机身或机翼内。起落架由最下端装有带充气轮胎的机轮、机轮上的刹车或自动刹车装置、承力支柱、减震器、前轮减摆器和转弯操纵机构等组成。对于在雪地和冰上起落的飞机，起落架上的机轮用滑橇代替。飞机上最常用的是前三点式起落架。此种形式的前起落架装在远离飞机重心处，左右主轮对称并保持一定轮距，布置在重心稍靠后处。这种布局的起落架具有既可以避免飞机刹车过猛时出现"拿大顶"的现象，又可以使飞机在地面滑行和停放时不致倾倒并保持水平位置。重型飞机上用增加机轮和支点数目的方法，

来降低轮胎对跑道的压力。早期的螺旋桨飞机上广泛采用后三点式起落架,特点是两个主轮在飞机重心稍前处,尾轮在机身尾部离重心较远。这种起落架虽然重量较前三点式轻,但在地面转弯不灵活、刹车过猛时飞机有"拿大顶"的危险。此外,还有少数飞机采用自行车式起落架和小车式起落架。

5. 稳定操纵机构

在飞行中维持飞机的平衡和稳定,并使飞机能够操纵,包括水平尾翼、垂直尾翼和副翼。水平尾翼由固定的水平安定面和可动的升降舵组成。垂直尾翼则包括固定的垂直安定面和可动的方向舵。副翼装在机翼上,也是可动的。为了使舵面和其他机构转动,还有一整套操纵系统,如早期的钢索滑轮、现代的液压机构等。

6. 天线罩

大家都知道机载雷达在机头里搁着,前面罩个罩子,使飞机成为一个整体,既美观又整流。这个罩子就是天线罩,又叫雷达罩。

天线罩是电磁波的窗口,作用是保护天线,防止环境对天线工作状态的影响和干扰,从而减少驱动天线运转的功率,提高工作可靠性,保证雷达天线全天候工作。

由于天线罩是一个电磁窗口,且工艺性极强,因此结构设计不仅要考虑结构本身的功能要求,还要考虑电性能要求和工艺性,是一个非常特殊的设计过程。

7. 副油箱

副油箱的主要作用是贮备油料,以延长飞机的飞行时间。副油箱一般采用外挂方式悬挂在机翼下,战斗中为了提高速度和机动性,避免被击中的危险,副油箱经常被早早抛弃,以保安全。

8. 炸弹舱

飞机挂载武器的方式除了外部挂弹的挂载方式外,还有内部弹舱的挂弹方式。

轰炸机等大型飞机通常是把投射武器悬挂在机舱内部,采用内部弹舱方式可以减小飞机的雷达反射截面,但受空间限制较大。这个内部弹舱又叫做炸弹舱。

炸弹舱的悬挂投射装置,主要包括炸弹架(钩)、投弹器、投弹控制盒、弹舱门操纵机构和随机携带的软式起挂设备等。这种装置可满足多种挂弹方案和投射方式的要求,而且投射精度和自动化程度高。由于内部挂弹受到弹舱空间的限制,在挂载中小口径炸弹时无法达到最大载弹量。为了发挥轰炸机的载弹能力,有时也把部分武器挂到飞机外部。

随着战机载弹量的提高,内部弹舱或外部挂弹都出现了多弹挂弹架。内部弹舱是高密度挂弹架,外部挂弹是复式挂弹架。在越南战争期间为 B-52 轰炸机研制的一种高密度挂弹架,最多可挂 81 颗 MK82 炸弹。

投弹器是悬挂投放装置的重要组成部分,功用是根据投弹信号打开挂弹钩,控制炸弹按一定的顺序和方式投放,以保障按作战要求投放武器。投弹器经历了机械式、电磁式、电子模拟式和电子数字式几个阶段。最早使用的是依靠手搬、脚蹬的机械式投弹器;第二次世界大战期间使用电磁式投放装置,通常称为电动投弹器;20 世纪 50 年代后出现称为武器控制系统的电子投弹器;70 年代发展为悬挂物管理系统(SMS)。从投弹器到悬挂物管理系统,机械部分变化不大,主要区别是产生控制信号的方式和装置不同。

9. 外挂

飞机挂载炸弹、水雷、鱼雷等武器的配套装置,称作悬挂投放装置;挂载导弹、火箭弹及其发射装置的配套装置,称作悬挂发射装置。二者统称为悬挂投射装置。

悬挂物可采用内部弹舱或外部挂弹两种挂载方式。内部弹舱方式可以减小飞机的雷达反射截面,但受空间限制较大;外部挂弹方式受空间限制小,可以多挂一些武器,缺陷是增加了飞行阻力和雷达反射截面。到底采取哪种挂载方式,要在增加载弹量与减小飞行阻力、雷达截面之间权衡,都要考虑悬挂装置的通用化、标准化和系列化。

战术飞机大多采用外挂方式。战斗机、攻击机等战术飞机的内部空间小而紧凑,投射武器大都悬挂在机身、机翼下和翼尖处,或采用半埋方式悬挂在机身上(悬挂物半露在机身外),极个别情况也有放在机翼上面的。

20 世纪 40 年代以前,绝大部分飞机只能亚声速飞行,雷达也处于早期发展阶段,这时大部分战术飞机都把炸弹挂在机翼或机身下。第二次世界大战后,战术飞机挂载能力不断提高,出现了三弹或多弹弹架,"圣诞树"式

外挂方式的缺陷变得明显。一是飞行阻力急剧增加,外挂阻力有时甚至超过飞机本身的阻力;二是外挂物引起机翼颤振,限制了飞行速度和过载能力;三是随着雷达技术的发展,雷达反射截面的大小对飞机生存力的影响变得愈加重要。因此,20世纪50年代以后,美国的F-105、F-106、F-111战斗机和A-5、F-117A攻击机一度又采用了内部武器舱。

减小外挂物飞行阻力和雷达反射截面积的另一有效途径是采用全埋式保形悬挂方式,即将全部悬挂装置和大部分外挂物埋入飞机内部,外挂物表面与机翼或机身的表面相切,使飞机有良好的整体流线型。随着低阻炸弹、半埋式挂架和保形挂架的问世,外部挂弹仍然是战术飞机的主流方式,甚至一些专用设备也采用吊舱形式挂在机外。如F-111(F-117A除外)以后的战斗机和攻击机再次放弃机内武器舱,全部采用外部挂弹。

电子吊舱是安装有雷达设备并吊挂在机身或机翼下,可固定安装或脱卸的流线型短舱。

10.减速伞

由于飞机的飞行速度不断提高,起飞离地速度和着陆接地速度随之增大,起飞、着陆滑跑的距离越来越长,而且飞机着陆时的操纵也比较困难。为了缩短着陆滑跑距离,飞机上采用各种减速装置。

目前飞机上最常用的减速装置是机轮刹车装置,与汽车刹车相似。着陆速度大的飞机,除了机轮刹车外,还有着陆减速伞。着陆减速伞是利用增大气动阻力的方法使飞机减速的,通常由主伞、引导伞和伞袋等组成。平时着陆减速伞装在飞机尾部的伞舱内。飞机着陆滑跑时,经飞行员操纵打开伞舱门,引导伞首先抛出,在气流作用下把伞袋拉出。这时主伞就脱离伞袋逐渐打开,产生很大的气动阻力,使飞机减速。

着陆减速伞在飞机滑跑速度较大时减速作用较大,而滑跑速度较小时减速作用显著降低。减速伞的这一特点,恰好与机轮刹车装置相反,所以减速伞与机轮刹车装置正好互为补充,充分发挥减低速度的作用。

减速伞可反复使用多次,在滑跑的后段,为防止减速伞在地面拖坏,应把减速伞抛掉,回收再用。

11.机翼

上单翼:机翼是飞机的重要部件之一,安装在机身上。它的主要功用是产生升力,以支持飞机在空中飞行,也起一定的稳定和操纵作用。在机翼上一般安装有副翼和襟翼。操纵副翼可使飞机滚转,放下襟翼能使机翼升力增大。另外,机翼上还可安装发动机、起落架和油箱等。

现代飞机无论是军用飞机还是民航客机,基本上都是单翼机,只有少数低速飞机仍然采用双层机翼结构,而多翼机已经被淘汰。对于单翼机,我们还可以根据机翼相对于机身的安装部位,分为上单翼、中单翼和下单翼。

图 49　上单翼飞机

上单翼是机翼位于机身轴线水平面的上方(图 49)。我们把只有一副机翼安装在机身上部(背部)的飞机称为上单翼飞机。

中单翼:机翼安装在机身中部的为中单翼(图 50)。中单翼因翼梁与机身难以协调,几乎只在理论上可行,近几十年较少见。

图 50　中单翼飞机

下单翼:在 20 世纪 20 年代末至 30 年代初,欧美飞机制造技术大发展,双翼机逐渐让位给单翼机,上单翼飞机逐步登上舞台,尔后又由上单翼布局发展为下单翼布局。下单翼布局可以带来较好的整体流线型,而且为起落架收起提供了更充分的空间。

下单翼飞机的机翼安装在机身下部,位于机身轴线水平面的下方(图 51)。我们把只有一副机翼安装在机身下部(腹部)的飞机称为下单翼飞机。

目前大型民航飞机都是单翼机,下单翼的飞机多用于军用机或大型喷气客机,特别是民航飞机常见的类型。这类飞机由于离地面近,便于安装起落架,进行维护工作。

图 51　下单翼飞机

直机翼:直机翼又称平直翼,是早期低速飞机常采用的一种机翼平面形状。

图 52　直机翼飞机
("防御者"小型预警机)

平直机翼的特点是没有后掠角或者后掠角极小,展弦比较大,相对厚度也较大,适合于低速飞行。目前的高速飞机很少采用平直机翼,只有少数对速度要求不高的飞机采用平直机翼,如英国的"防御者"小型预警机(图52)。平直翼还可以进一步细分为矩形机翼、椭圆形机翼、梯形机翼等。

早期飞机速度不高,平直翼足以满足升空的要求。平直翼体现了人们对机翼升力的最初认识,即较大的机翼带来较大的升力。20世纪50年代之前梯形平直机翼几乎一统天下。第二次世界大战中出名的飞机,如美国的P-51、前苏联的杜-2、日本的零式战斗机等,都是梯形平直机翼。

后掠翼:第二次世界大战后期,德国、英国、美国相续进行了喷气式飞机试飞,宣告进入了喷气式飞机时代。喷气式飞机的飞行速度随着技术成熟而迅速提高,当飞机接近音速时,如同碰到一堵墙壁,速度急剧下降,机身剧烈抖动,飞机仿佛脱缰的野马一样无法控制,这就是"音障"。

为了突破"音障",许多国家在研制新型机翼。德国人首先发现,把机翼做成后掠式,像燕子的翅膀一样,可以延迟"激波"的产生,缓和飞机接近音速时的不稳定现象,这就是所谓的后掠翼技术。1/4弦线处后掠角大于25度的机翼叫做后掠翼(图53)。由于这种机翼前缘后掠,因此

图53 F-14的变后掠翼

可以延缓激波的生成,适合于高亚音速飞行。1947年10月14日,B-29将试验机X-1送上7 600米高空,美国试飞员耶格尔驾驶着试验机X-1在强烈的震颤中成功超越了音速,开启了超音速时代的大门。

音障的突破导致众多超音速飞机诞生,打破了平直翼独领风骚的局面。超音速飞机的翅膀形状与燕子如出一辙,人们称为后掠机翼,能有效缓和飞机接近音速时的不稳定现象。后掠机翼成为超音速飞机重要的外观标志。

有得就有失,后掠翼技术虽然可以使飞机飞行速度有显著提高,却以牺牲部分升力为代价,这使得飞机起降时需要更长的跑道,这对飞机的起飞、着陆和巡航都产生了不利的影响。于是一种可以根据飞行速度大小来改变后掠角、快慢兼顾的折中方案出现了,它就是可变后掠翼。可变后掠翼飞机在起降和巡航时,机翼处于平直位置,为快速起飞提供足够升力;高速飞行

时,机翼变为后斜式,减少飞行阻力。1948 年,美国首先把后掠翼应用在 F-86 战斗机上。前苏联在 20 世纪 40 年代末期,也研制出带后掠翼的歼击机米格-15。进入 50 年代,世界上超音速飞机的翅膀几乎全都是后掠翼的。

随着喷气式飞机的出现,为了减小波阻,提高飞行速度,适应高速飞行,在后掠翼出现后,又相继出现了前掠翼、三角翼、S 形前缘翼、双三角翼等,并获得广泛应用。机翼的演变让人们慢慢探索着飞行的无穷奥妙。

前掠翼:飞机机翼的发展历程,是不断创新、不断进步的历史。有的机翼种类被淘汰了,如变后掠翼因结构复杂、重量增大,90 年代新研制的飞机几乎都不采用这种机翼了。更多的机翼种类则互相融合、取长补短,衍生出更多的形式。

70 年代以来,随着复合材料的发展,前掠翼才开始进入实用阶段,第一架前掠翼验证飞机 X-29 于 1984 年 10 月在美国爱德华空军基地正式升空。俄罗斯苏霍伊设计局的一种前掠翼歼击机 SU-37 于 1997 年 9 月底首飞。

前掠翼与后掠翼刚好相反,机翼是向前掠的。目前采用前掠翼的飞机较少,只有一些高机动性战斗机上具备,如俄罗斯的 SU-37"金雕"(图 54)。前缘和后缘均向前伸展的机翼称为前掠翼。

图 54　Su-37"金雕"

1997 年 9 月 25 日,俄罗斯试飞了一架形状怪异的隐形战斗机——SU-37,其最大特点是机翼前掠。俄罗斯飞行员戏称,这是设计人员喝多了伏特加,把机翼装反了。其实这种前掠翼具有惊人的机动能力,但由于这种机翼对飞机的结构强度要求很高,技术难度大,一般很难掌握。目前,俄罗斯的 SU-37 与美国的 F-22 均为世界最先进战斗机。

前掠翼不仅具有后掠翼提高临界马赫数、降低波阻的优点,还从根本上克服了翼尖失速的缺点。因此,前掠翼飞机具有升力特性好,升阻比高,大迎角时操纵性好,便于采用近距耦合鸭式布局等优点。但是前掠翼存在着气动弹性发散问题,多年没有得到发展。从理论上看,与后掠翼相比,前掠翼主要有四大优势。

(1)结构优势:前掠翼结构可以保障机翼与机身之间更好连接,并且合理地分配机翼和前起落架所承受的压力。这些优势用其他方法很难达到或者不可能达到,大大提高了飞机在机动时,尤其是在低速机动时的气动性能。此外,前掠翼的结构设计,还可使飞机的容积增大,为设置内部武器舱创造了条件,同时也大大提高了飞机的隐身性能。

(2)机动优势:前掠翼技术可使飞机在亚音速飞行时具有非常好的气动性能,从而大大提高在仰角状态下的机动性。若前掠翼布局与推力矢量控制系统综合使用,还可使飞机在空战中更具优势,近距空战机动能力将成倍提高。

(3)起降优势:与相同翼面积的后掠翼飞机相比,前掠翼飞机的升力更大,载重量增加30%,因而可缩小飞机机翼,降低飞机的迎面阻力和飞机结构重量;减少飞机配平阻力,加大飞机的亚音速航程;改善飞机低速操纵性能,缩短起飞着陆滑跑距离。据美国专家计算,F-16战斗机若使用前掠翼结构,可提高转弯角速度14%,提高作战半径34%,并将起飞着陆距离缩短35%。

(4)可控优势:使用前掠翼结构可以提高飞机低速度飞行时的可控性,并能在所有飞行状态下提高空气动力效能,降低失速速度,保证飞机不易失速,从而使飞机的安全可靠性大大提高。前掠机翼存在的问题是气动弹性发散。当迎角增大、升力增大时,机翼产生的扭转变形使前缘提高、后缘降低,机翼相对气流的迎角增大,从而机翼升力和扭转变形继续增大,这种不稳定性称为气动弹性发散现象。前掠角越大,气动弹性发散现象越严重。为了消除气动发散现象,必须增加机翼结构刚度,但加强结构刚度,会使飞机重量大大增加,从而抵消了前掠翼的优越性。

三角翼:20世纪50年代后期,为了让飞机飞得更高更快,人们把后掠机翼的前缘和平直机翼的后缘结合起来,设计制作出了三角翼。

三角翼指平面形状呈三角形的机翼(图55)。三角翼的特点是后掠角大、结构简单、展弦比小,适合于超音速飞行。

三角翼造型给作战飞机带来两种重要的气动品质。在超音速飞行中,机头形成的冲击波到达三角翼的大后掠前缘时,

图55　三角翼"阵风"战斗机

会使三角翼产生非常高的气动效率。在大攻角(攻角是指飞机的前进方向与机翼之间的夹角)飞行时,三角翼的前沿还能产生大量涡流,附着在上翼面,能提高升力。

虽然三角翼在高空超音速飞行时非常理想,但在低速机动时却成了累赘,会给飞机油耗和低速机动性带来不利影响。三角翼原来就是为高速的截击机和轰炸机设计的。随着三角翼概念的发展,产生出一种复合三角翼。这种外形是在主翼前加上大倾角的三角翼,以减少在低速时的劣势。

最常见的三角翼飞机是幻影战斗机。第一个采用三角翼设计的是亚历山大·里佩希,他从1918年起在德国齐伯林公司担任工程师,设计的动力三角翼飞机于1931年首飞。

从世界军机的三大气动布局来看(三角形、大后掠角、带边条的小后掠角),真正最有潜力的就是三角形了。20世纪80年代初,世界各国在研究第四代战机时,又重新重视起三角翼的气动布局,并将其作为第四代战机的重要气动布局加以研究。事实上,在80年代提出的第四代战机的方案中,近耦鸭翼加三角翼气动布局就占总方案的59.3%,其他的占40.7%,加上三角形气动布局,已占据各种方案相当大的比例。从世界各国最终采用的方案来看,法国的"阵风"、欧洲的"台风"均采用近耦鸭翼加三角翼气动布局,由于不具有超音速巡航能力,被认定为3代半飞机,美军对其的评价是已超过F-15。俄罗斯的米格-1.44也是近耦鸭翼加三角翼气动布局,S-37均采用了前掠式鸭翼气动布局。美国的F-22则是三角翼气动布局(参选方案也有鸭式三角布局,可能考虑隐身效果而未采用)。

美国在研究第四代战机F-22时也放弃了传统的F-15、F-16的带边条的小后掠翼气动布局,改用三角形气动布局。

12.尾翼

飞机的尾翼一般包括水平尾翼(简称平尾)和垂直尾翼(简称立尾)。平尾中的固定部分称为水平安定面,可偏转的部分称为升降舵(操纵它可以控制飞机的升降,所以叫升降舵);立尾中的固定部分称为垂直安定面,可偏转的部分称为方向舵(操纵它可以控制飞机飞行的方向,所以叫方向舵)。安定面的作用是使飞机的飞行平稳(术语叫做静稳定性)。

有些飞机没有水平尾翼,但在机翼(亦称主翼)前面装有水平小翼,称为

鸭式布局飞机。机翼前面水平小翼称为前翼或鸭翼。鸭式布局的鸭翼分为固定的和可调的。鸭式布局有以下优点：

(1)前翼不受流过机翼的气流的影响,前翼操纵效率高。

(2)飞机以大迎角飞行时,正常式飞机平尾的升力为负升力(向下),这样就减少了飞机的总升力(有人称它为挑式飞机,即机翼升力不仅要平衡飞机的重量,而且还要克服平尾的负升力),从而不利于飞机的起飞着陆和大迎角时的机动性能。鸭式飞机与此相反,前翼在大迎角飞机飞行时提供的是正升力,从而使升力增大(有人称它为抬式飞机,即前翼与机翼共同平衡飞机重量)。这样就有利于减小飞机起飞着陆速度,改善起飞着陆性能,同时也可以提高大迎角时的机动性能。

(3)鸭式飞机配平阻力小,因而续航能力好。

鸭式飞机由于还存在不少问题有待解决,使鸭式飞机的主要优点(即鸭翼与机翼都产生正升力)的发挥受到很大的影响,因此在很长一段时间内,鸭式布局使用不广泛。针对这一问题,航空界进行了一系列的研究工作。所谓近距耦合鸭式布局飞机,就是这方面研究的成果。近距耦合鸭式布局飞机(简称近距耦合鸭式飞机)是指前翼与机翼距离很近的一种鸭式飞机,这种飞机往往采用小展弦比、大后掠的前翼,此时前翼形成的脱体涡流经主翼表面,使主翼升力提高,而前翼也将受到主翼上洗气流的影响而增加升力。同时,主翼表面的低压抽气作用,又提高了前翼涡流的稳定性。因此,前翼与主翼近距耦合的结果,既增加了飞机的升力,又推迟了飞机的失速。近距耦合鸭式布局的研究成功,使鸭式布局在战斗机上重新流行。比如欧洲的 EF-2000、法国的"阵风"、瑞典的 JAS-39,都采用鸭式布局。

13.前三点

大家都知道,任何人造的飞行器都有离地升空的过程,而且除了一次性使用的火箭导弹和不需要回收的航天器之外,绝大部分飞行器都有着陆或回收阶段。飞机实现这一起飞、着陆功能的装置主要是起落架。

飞机的起落装置是用来支持飞机并使它能在地面和水平面起落和停放。陆上飞机的起落装置,大都由减震支柱和机轮等组成。如果一对主要承载起落架位于飞机重心之后,另一个起落架位于机头之下,那就是前三点式起落架。前三点式起落架多为现代飞机所采纳(图56)。

　　起落架有点像汽车的车轮,但又复杂得多,而且强度也大得多,它能够消耗和吸收飞机在着陆时的撞击能量。起落架主要承受飞机在地面停放、滑行、起飞着陆滑跑时的重力;承受、消耗和吸收飞机在着陆与地面运动时的撞击和颠簸能量;滑跑与滑行时的制动;滑跑与滑行时操纵飞机。

图 56　前三点式起落架

　　过去由于飞机的飞行速度低,对飞机气动外形的要求不十分严格,因此飞机的起落架都是固定的。这种起落架制造简单,当飞机升空后,起落架仍然暴露在机身之外。但随着飞机飞行速度的不断提高,飞行的阻力随着飞行速度的增加而急剧增加。这时暴露在外的起落架就严重影响了飞机的气动性能,阻碍了飞行速度的进一步提高。因此,人们便设计出了可收放的起落架,当飞机在空中飞行时就将起落架收到机翼或机身之内,以获得良好的气动性能,飞机着陆时再将起落架放下来。有得必有失,可收放的起落架增加了复杂的收放系统,使得飞机的总重有所增加。但总的说来是得大于失,因此,现代飞机不论是军用飞机还是民航飞机,起落架绝大部分都是可以收放的,只有一小部分超轻型飞机仍然采用固定形式的起落架(如蜜蜂系列超轻型飞机)。

　　前三点式起落架的主要优点有:着陆简单,安全可靠。若着陆时的实际速度大于规定值,则在主轮接地时,作用在主轮的撞击力使迎角急剧减小,因而不可能产生后三点式起落架那样的"跳跃"现象。具有良好的方向稳定性,侧风着陆时较安全,地面滑行时操纵转弯较灵活。无倒立危险,因而允许强烈制动,可以减小着陆后的滑跑距离。在停机或起落滑跑时,飞机机身处于水平或接近水平的状态,因而向下的视界较好。同时喷气式飞机上的发动机排出的燃气不会直接喷向跑道,对跑道的影响较小。

　　前三点式起落架依然存在许多缺点。前起落架的安排较困难,尤其是对单发动机的飞机,机身前部剩余的空间很小;前起落架承受的载荷大、尺寸大、构造复杂,因而质量大;着陆滑跑时处于小迎角状态,不能充分利用空气阻力进行制动。在不平坦的跑道上滑行时,超越障碍(沟渠、土堆等)的能力也比较差;前轮会产生摆振现象,要有防止摆震的设备和措施,增加了前轮的复杂程度和重量。

尽管如此,由于现代飞机的着陆速度较大,保证着陆时的安全成为考虑确定起落架形式的首要决定因素,而前三点式在这方面与后三点式相比有着明显的优势,因而得到广泛应用。

14.后三点

如果一对主要起落架位于飞机重心之前,另一起落架在机尾之下,便是后三点式起落架。后三点式起落架多为早期旧式飞机所采纳(图57)。后三点式起落架的结构简单,适合于低速飞机,因此在 1945 年以前曾得到广泛的应用。目前这种形式的起落架,主要应用于装有活塞式发动机的轻型、超轻型低速飞机上。

图 57　后三点式起落架

后三点式起落架具有以下优点:一是在飞机上易于装置尾轮。与前轮相比,尾轮结构简单,尺寸、质量都较小。二是正常着陆时,3 个机轮同时触地,这就意味着飞机在飘落(着陆过程的第四阶段)时的姿态与地面滑跑、停机时的姿态相同,也就是地面滑跑时具有较大的迎角。因此,可以利用较大的飞机阻力来进行减速,从而可以减小着陆滑跑距离。早期的飞机大部分都是后三点式起落架。然而随着飞机的发展,飞行速度的不断提高,后三点式起落架暴露出了越来越多的缺点。

(1)在大速度滑跑时,遇到前方撞击或强烈制动,容易发生倒立现象(俗称"拿大顶")。

(2)如着陆时的实际速度大于规定值,则容易发生"跳跃"现象。如果飞机着陆时的实际速度远大于规定值,则跳跃高度可能很高,飞机从该高度下落,有可能损坏。

(3)在起飞、降落滑跑时不稳定。如果在滑跑过程中,某些干扰(侧风或由于路面不平,使两边机轮的阻力不相等)使飞机相对其轴线转过一定角度,这时在支柱上形成的摩擦力将产生相对于飞机质心的力矩,使飞机转向更大的角度。

(4)在停机或起落滑跑时前机身仰起,因而向下的视界不佳。

基于以上缺点,后三点式起落架的主导地位便逐渐被前三点式起落架所替代,目前只有一小部分小型和低速飞机仍然采用后三点式起落架。

(六)军用飞机的划代

军机飞机划代,主要是给战斗机划代。首先确定划代的基准,即用以评判飞机代差的技术、性能、动力、设备等方面相对统一的标准尺度进行划代。

1.战斗机的时代划分

根据战斗机的最大速度划代,分为低速时代、亚声速时代、超声速时代、高超声时代等。

众所周知,飞机的飞行品质主要取决于动力装置和气动外形,而动力装置又是主要因素。因此,人们常常依据动力装置划分战斗机的时代,即活塞时代、喷气时代、核动力时代。

2.活塞时代

活塞式战斗机曾雄霸天空 30 年。20 世纪 30 年代,前苏联研制了比较出名的歼击机。如 1933～1934 年著名飞机设计师波利卡尔波夫的代表作伊-15 和伊-16 大量生产。伊-15 最大时速 360 千米,伊-16 最大时速 454 千米,均采用 M-25 星型气冷式发动机。后来又诞生了伊-152、伊-153,都参加了第二次世界大战,对德、日空战中立过战功。

发展到后期,研制出了一些更好的战斗机。如 1942 年研制的 P-15A 飞机,配装了 1200 马力的 V-1710-81 活塞式发动机;1944 年,北美公司研制了 P-51D 飞机("野马"家族中产量最大、名气最大),换装了 1690 马力的"梅林"V-1650-7 活塞式发动机,最大时速 708 千米、升限 12800 米、航程 1500 千米。另外,还有日本的"零"式战斗机、德国的 FW-190(A8)战斗机、Ta-152战斗机,都是当时世界上比较有名的活塞式飞机。

这 30 多年间,飞机的性能不断改善,活塞式战斗机在二次世界大战中发挥得淋漓尽致,但由于动力装置为活塞式发动机,飞机的性能并未发生根本性改变。活塞

图 58　活塞式飞机

时代飞机如图 58 所示。

3.喷气时代

飞机的动力装置从活塞式发动机演进到喷气式发动机,在技术和性能上均发生了革命性的变化。20 世纪 40 年代初期就研制成功喷气式战斗机,如 Me·262、"流星"这些早期的战斗机。

认识这一时代的战斗机,可理出喷气式战斗机的发展轨迹。喷气时代的战斗机可用世代来区分。综合战斗机的飞行性能、所用动力装置的先进程度、气动特点、机载设备、主战武器等区分世代。

(1)零世代喷气式战斗机:早期出现的 Me·262 与"流星"喷气式战斗机技术上不成熟,它们之间也没有交过手,在第二次世界大战中的表现很一般,有人称之为零世代(即原始的一代)喷气式战斗机(图59)。

图 59　零世代喷气战斗机

(2)第一代喷气式战斗机:这一代战斗机出现在 20 世纪 40 年代中期至 50 年代中期,又称为朝鲜战争世代。这一代喷气式战斗机的主要性能特点:高亚声速;动力装置由非加力型离心式涡喷发动机过渡到加力型离心式涡喷发动机,推重比为 3:1~4:1;气动特点,由直机翼过渡到后掠翼;机载设备,由简单昼间型过渡到有限全天候型;主战武器,由航炮过渡到第一代空对空导弹。

早期机型代表:F-80、F-84、米格-9、Saab-29(图 60)。

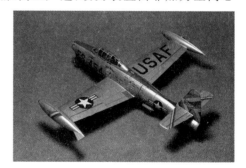

图 60　一代早期机型代表

中期机型代表:F-84 后掠翼型、F-86、米格-15、米格-15 比斯、"猎人"、"蚊式"(图 61)。

图 61　一代中期机型代表

后期机型代表:F-86D、米格-17ПФ、"标枪"、秃鹰、Saab-32 等(图 62)。

图 62　一代后期机型代表

一代顶尖水平战斗机:F-86D,米格-17ПФ(图 63)。

图 63　一代顶尖战斗机

（3）第二代喷气式战斗机：这一代战斗机出现在 20 世纪 50 年代中期至
60 年代末期，可称为越南战争世代。这一代喷气式战斗机的主要性能特点：
高速高空；动力装置为轴流式涡喷发动机，推重比为 5：1～6：1；气动特点，
采用后掠翼、三角翼、梯形翼、变后掠翼；机载设备，由有限全天候型过渡到
全天候型；主战武器，由第一代空对空导弹过渡到第二代空对空导弹，开始
具备超视距空战能力。

早期机型代表：F-100、F-101、F-102、米格-19、"超神密"、"军旗"（图 64）。

图 64　二代早期机型代表

中期机型代表：F-104、米格-21、"幻影"Ⅲ、"闪电"、Saab-35（图 65）。

图 65　二代中期机型代表

后期机型代表：F-4、F-111、米格-23、米格-25、苏-15、"幻影"F1、Saab-35、
Saab-37（图 66）。

图 66　二代后期机型代表

二代顶尖水平战斗机:Saab-37(图 67)。

图 67　二代顶尖战斗机

(4)第三代喷气式战斗机:这一代战斗机出现在 20 世纪 70 年代初期至 21 世纪初期,可称为海湾战争世代。这一代战斗机的主要性能特点:中、低空,高机动;动力装置为中等涵道比涡轮风扇发动机,推重比为7∶1～8∶1;气动特点,采用边条翼、三角翼、梯形翼、变后掠翼;机载设备,具有多目标跟踪、下视、下射

图 68　三代早期机型代表

能力的火控雷达和先进的导航系统,部分机型装备了电传操纵系统;主战武器,由第二代空对空导弹过渡到第三代空对空导弹,具备超视距空战能力和近距格斗能力。

早期机型代表：F-14A、F-15A、F-16A、米格-29、苏-27、"幻影"2000C、"狂风"（图 68）。

中期机型代表：F-14D、F-15C、F-16C、F/A-18C、米格-29S、苏-27SMK、"幻影"2000-5（图 69）。

图 69　三代中期机型代表

后期机型代表：F-15E、F/A-18E/F、F-2、米格-29MT、苏-29MT、苏-35、苏-37（图 70）。

图 70　三代后期机型代表

三代顶尖战斗机：苏-37（图 71）。

图 71　三代顶尖战斗机

（5）第四代喷气式战斗机：这一代战斗机出现在21世纪初期，目前正处在这一代，可称为信息战争世代。这一代战斗机的主要性能特点：超声速巡航、高信息化、高敏捷性、低可探测性、短距起降；动力装置为小涵道比涡轮风扇发动机，推重比9∶1～10∶1，部分机型采用推力矢量技术；气动特点，采用高升力鸭式布局、隐身后尾式布局和三翼面布局，主要为梯形翼、三角翼、前掠翼；机载设备，高度自动化、信息化的综合航空电子系统，具备空中优势和综合信息战能力，全部机型都装备了数字式电传操纵系统；主战武器，由第三代空对空导弹过渡到第四代空对空导弹，具备超视距空战能力和近距格斗能力。

低档机型代表：JAS-39（图72）。

图72　四代低档机型代表

中档机型代表：F-35、米格1·44、EF-2000、"台风"、"阵风"（图73）。

图73　四代中档机型代表

高档机型代表:F-22(图74)。

图 74　四代高档机型代表

(6)第五代喷气式战斗机:这是未来发展的一代战斗机,可称为智能战争世代。这一代战斗机的主要性能特点:高智能化、高信息化、典型的4S特征(超声速巡航、超视距作战、超常规机动和具有红外、微波隐身能力);短距甚至垂直起降;基本上是复合材料结构;动力装置的推重比11:1~12:1;集先进气动

图 75　无人战斗机

外形于一身;具有数字式电传操纵系统、智能化驾驶系统,成为无人驾驶战斗机;主战武器为先进的激光枪和激光炮(图75)。

4.核动力时代

这个时代战斗机的动力装置是航空原子能发动机,这是环保型的动力装置。飞机可长期留空飞行,甚至飞出大气层,完成太空战斗或作星际旅行。1克铀235产生的功率相当2吨汽

图 76　核动力飞机方案

油燃烧产生的功率,因此相当节省燃料。方案如图 76 所示。因为核防护等问题未解决,目前只是方案设想。

(七)民用飞机的划代

民用飞机典型的就是民航客机,与战斗机的划代标准不同,干线客机的分代基本上与飞行速度无关,而是与发动机性能、载重与航程、经济性以及年代有关。目前,喷气式客机已历经五代,大约每 10 年出现新的一代。

民航客机与战斗机的更新换代不同,新一代喷气式客机是弥补前一代的不足,而不是完全取代它。因此,目前除了第一代客机之外,第二代、第三代、第四代和第五代都在使用,各自在远近不同、繁忙程度不同的航线上发挥着作用。

1.第一代喷气式客机

第一代喷气式客机是 20 世纪 50 年代投入使用的。这一代的主要特点是:动力装置采用涡轮喷气式发动机;后掠翼;与活塞式客机相比大大提高了巡航速度和客运量,使民航运营效率大为提高;气动上采用了大展弦比后掠翼、层流平顶翼型,机翼前后缘带有大面积襟翼;发动机一般安装在机身外,广泛采用涡轮喷气式发动机。

缺点:第一代喷气式客机耗油率高,噪声大。

第一代喷气式客机机型有英国的"慧星"号、法国的"快帆"、美国的波音-707、道格拉斯公司的 DC-8 以及前苏联的图-104 等。这一代的代表机型是 1949 年 7 月 27 日首飞,1952 年 5 月 2 日正式投入航线运营的"慧星"号飞机(图 77)。

图 77　第一代喷气式客机代表"慧星"飞机

"慧星"号最引人注目的是:速度快,可达 788 千米/小时,是当时任何客机无法相比的;采用密封式座舱,可在更高处飞行,平稳性和舒适性也是前所未有的。

2.第二代喷气式客机

第二代喷气式客机是 20 世纪 60 年代投入使用的。这一代的主要技术特点是:采用新的翼型;动力装置为低涵道比涡轮风扇发动机,降低了耗油率,提高了经济性;气动设计上,基本确立了悬臂式下单翼布局,注重低阻力亚声速翼型的研究和使用,主要采用尖锋翼型;注重各部件气动干扰,襟翼等增升装置多采用多段式开缝翼;为整机减重,开始大量使用复合材料。

第二代喷气式客机机型有波音-727、波音-737、道格拉斯公司的 DC-9 (MD-80 系列)、英国的"三叉戟"、前苏联的图-154 等。这一代的代表机型是 1971 年基本型开始交付使用的图-154(图 78)。

图 78　第二代喷气式客机代表图-154M 飞机

第二代喷气式客机的尺寸往往比第一代小,载客量也少,主要用于中短程航线上,两代相互补充,经济性能有较大改善。目前,第二代喷气式客机的改型仍是世界范围内中短程航线上的主力机型。

3.第三代喷气式客机

第三代喷气式客机是 20 世纪 70 年代投入使用的,在技术上有了较大改善。这一代的主要特点是:属于宽体客机,机身直径可达 5.5～6.6 米,是二代以前窄体客机的 1.5 倍,起飞质量最大可达 300 吨以上,载客量远程为 400 人以上,近程超过 600 人;翼面积和机身直径大幅度增加,就外形而言客机体积比窄体客机增加不多;载重量、载客量、载油量和航程有明显提高;动力装置开始采用推力更大、耗油率更低的高涵道比涡扇式发动机;噪声和振动水平大大下降,乘客的舒适性和航空公司收益大大改善。

第三代喷气式客机机型有美国的波音-747、道格拉斯公司的 DC-10、洛克希德公司的 L-1011、空客公司的 A-300、前苏联的伊尔-86 等。这一代的代表机型是 1965 年 8 月开始研制，1969 年 2 月原型机试飞，1970 年 1 月首架交付泛美航空公司投入航线运营的波音-747（图 79）。

图 79　第三代喷气式客机代表波音-747-400 飞机

4.第四代喷气式客机

第四代喷气式客机研制始于 20 世纪 70 年代，80 年代投入使用。这一代客机的主要特点是：属于半宽体客机，强调进一步改善经济性；动力装置采用了更先进的高涵道比涡扇发动机，耗油率又有降低。由于发动机性能的提高，发动机安装台数普遍改为两台；气动设计上，除了精心设计机翼形状、襟翼装置外，最大特点是采用了新的"超临界"翼型。所谓"超临界"翼型是一种上表面比较平坦、下表面鼓起，后缘部分有下弯的机翼；巡航速度有所提高，升阻比特性优于"尖峰"翼型，安装翼稍小翼；采用了先进的电传操纵系统，改善了驾驶特性。

图 80　第四代喷气式客机代表 A-320 飞机

第四代喷气式客机主要机型有波音-737、波音-767、欧洲空客公司的 A-310、A-320 和前苏联的伊尔-96、图-204 等。这一代客机的载客量一般是 200 人左右，主要用于中短航程航线。研制时大量利用了以往机型的成果甚至大部件。它的代表机型是

1982年3月项目启动,1987年2月22日首飞,1988年3月开始投入商业运营的 A-320 客机(图80)。

A-320 客机是一种真正创新的飞机,为单过道飞机建立了一个新的标准。由于 A-320 客机有较宽的客舱,给乘客提供了更大的舒适性;比竞争者飞得更远、更快,因而具有更好的经济性。它是150座中短程客机。

5.第五代喷气式客机

第五代喷气式客机于20世纪90年代投入使用。这一代客机的主要技术特点是:安装耗油率更低、排污更小、噪声更低、涵道比更高、推力更大、维护性更好的涡扇发动机;加大复合材料的用量;进一步加大展弦比或加装翼稍小翼,以提高气动效率,采用"超临界"翼型或高效亚声速翼型;增加载客量、提高舒适性、降低耗油,提高经济性。

第五代喷气式客机机型主要有美国波音-777、麦道公司 MD-11、欧洲空客 A-330、A-340 和俄罗斯的图-96 等。这一代的代表机型是1990年10月29日正式启动,1994年6月12日第一架首次试飞的波音-777 飞机(图81)。

波音-777 飞机是业界技术最先进的飞机,采用三级客舱布局时可搭载 301~368 名乘客。波音-777-200LR 的最大航程为 16 417 千米。

图81　第五代喷气式客机波音-777-300 客机

(八)其他航空器

1.直升机

(1)单旋翼尾浆直升机:这是最常见的直升机类型,一个水平旋翼提供飞机升力,尾部一个小型垂直螺旋桨抵消旋翼的反作用力。代表型号有前苏联米里设计局研制的米-4、米-8、米-26,法国航宇公司研制的"海豚"和SA321"超黄蜂",英法合作生产的"山猫",美国贝尔公司研制的贝尔-47、S-70,麦道公司研制的 AH-64"阿帕奇"、RAH-66"科曼奇"等。代表型号为 AH-64"阿帕奇"(图 82)。

图 82　AH-64"阿帕奇"

AH-64"阿帕奇"直升机是美国最先进的,具有全天候、昼夜作战能力的武装直升机,由美国原休斯直升机公司研制。

(2)单旋翼无尾浆直升机:一个水平旋翼提供飞机升力,并从尾部吹出空气、用附壁效应产生的推力抵消旋翼的反作用力。代表型号有美国麦道公司生产的 MD-500/530 直升机,美国波音直升机公司生产的 MD-600N(图83)。

图 83　单旋翼无尾浆直升机 MD-520N

(3)纵列式双旋翼直升机:两个旋翼前后纵向排向,旋转方向相反,多见于大型运输直升机。代表型号有美国波音公司研制的 CH-47"支奴干"运输直升机(图84)。

图 84 纵列式双旋翼直升机 CH-47"支奴干"

(4)共轴式双旋翼直升机:两个旋翼上下排列在同一个轴上,并且没有尾浆,优点是稳定性好,但技术复杂,因而较为少见。代表型号有前苏联卡莫夫设计局研制的卡-50武装直升机(图85)。

图 85 卡-50 武装直升机

(5)侧旋翼直升机(双旋翼直升机):侧旋翼直升机又称倾斜旋翼直升机,是结合了固定翼飞机和直升机二者特点的混合技术直升机。起飞时采用水平并置的双旋翼,飞行中将旋翼向前旋转90°,变成两个真正的螺旋桨,按照普通固定翼飞机的模式飞行。

优点:减小飞行阻力,提高飞行速度,最高可超过 600 千米/小时,省油,增加航程。

缺点:结构复杂,故障率高,因而极为少见。

代表型号有美国贝尔公司和波音公司联合制造的 V-22 运输直升机（图 86）。

图 86　V-22"鱼鹰"直升机

2.特种飞机与无人机

（1）第一架突破音障的火箭飞机 X-1：1945 年 1 月，美国开始研制 X-1 火箭飞机。1947 年 10 月 14 日，由著名试飞员耶格尔驾驶，X-1 首次成功地进行了超声速飞行。空投后，耶格尔启动发动机加速，从 10 千米很快爬升到 12.4 千米。在这个高度上，它的水平飞行速度达到 1 078 千米/小时，M＝1.015。人类终于首次在水平飞行中超过了声速，长期困扰科学家和工程师的音障难关得以突破。这是一项具有历史意义的伟大成就，标志着航空超声速新时代的开始。X-1 飞机如图 87 所示。

图 87　X-1 飞机

（2）侦察机：侦察机是专门用于从空中获取情报的军用飞机，是现代战争的主要侦察工具之一。按执行任务范围，分为战略侦察机和战术侦察机。

战略侦察机一般具有航线远和高空、高速飞行性能，用以获取战略情报，多是专门设计的。战术侦察机具有低空、高速飞行性能，用以获取战役战术情报,通常用歼击机改装而成。图 88 所示是美国洛克希德·马丁公司于 1963 年 2 月开始研制,1964 年 12 月开始试飞,1966 年 1 月交付使用的 SR-71"黑鸟"高空战略侦察机。

图 88　SR-71"黑鸟"高空战略侦察机

SR-71 飞机机体质量的 93% 是钛合金材料,气动外形为三角翼,双垂尾,发动机布置在机翼上,是世界上第一种突破热障的飞机。该机飞行高度 30 000 米以上,最大飞行速度 3 倍声速以上,即具有"双三"的能力。这时飞行员必须穿着全密封的飞行服。它的唯一致命弱点是维护费用过高。

图 89 所示是美国洛克希德·马丁公司研制的 EP-3E 美军的现役信号情报侦察机,即电子侦察机。

EP-3E 电子侦察机的设备装在后段机身上、下突出的整流罩内,前机身下方装有一个圆盘型雷达天线整流罩。它的主要任务是独自或与

图 89　EP-3E"白羊"电子侦察机

其他飞机一起在国际空域执行飞行任务,为飞行方队的司令官提供有关敌方军事力量战术态势的实时信息。在公海海域为己方人员提供相关情报。机组人员可以通过对情报数据的分析,确定侦查区域的战术环境,并将相关信息尽快传送到上级领导机关,以便各级决策者可以针对关键性的进展情况做出决策。

　(3)预警机:预警飞机是集预警、指挥、控制、通信等多种功能于一体的

综合信息系统,是现代战争中的重要装备。世界上第一种预警飞机是美国海军1958年装备的EIB舰载预警飞机。半个世纪来,预警飞机有了长足的发展,美国、前苏联等先后研制生产了20余种型号、数百架预警飞机,最著名的预警飞机有美国的E-3A、E-2C和俄罗斯的A-50,比较先进的是美制E-3"望楼"预警飞机(图90)。

图90 E-3"望楼"预警机

E-3"望楼"预警机是一种具有下视能力的全天候远程空中预警和控制飞机。它不仅可搜索监视水上、陆地和空中目标,而且可以指挥引导己方飞机作战。它的系统目标处理容量大、抗干扰能力强,能同时处理4～600个不同目标。

(4)空中加油机:空中加油机用于空中对飞行中的飞机补充燃油的飞机。空中加油机的目的是增大飞机的航程和续航时间。1949年,英国和美国分别研制出实用的空中加油装置。前苏联也研制出类似插头锥套式的装置。

图91 KC-10A空中加油机

空中加油机多由运输机或轰炸机改装而成。

在麦道公司研制的DC-10三发中远程运输机的基础上,美国空军研制了KC-10A空中加油机,如图91所示。

KC-10A是当今世界上功能最全、加油能力最强的空中加油机。原型机1980年7月12日首飞,同年10月30日完成首飞空中加油试验,1981年3月17日正式交付美国空军。美空军共采购60架,1988年11月29日交付完毕。这种飞机除空中加油外,还可用作战略运输机使用,可以在给战斗机加油的同时给海外部署基地运送士兵和所需物资。

KC-10A的空中加油系统采用全新设计,操纵员通过数字式电传操纵系统来控制机尾的加油系统。通过伸缩套管,燃油以4180升/分的速度传输到

受油飞机中去;通过锥型管嘴,最大加油速率 1786 升/分。配有自动加装燃油阻尼系统和独立燃油断接系统,提高了空中加油的安全性和便利性。此外,KC-10A 还可以通过其他 KC-10A 加油来增加运输航程。

(5)无人机:无人机是动力驱动,能够自主飞行,可重复使用的飞机。无人机比较轻巧、简单,小的才 10 克,当然也有 11 吨重的无人机。无人机分类如图 92 所示。

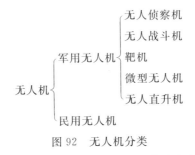

图 92　无人机分类

无人侦察机按续航时间和航程的长短,可分为长航时无人侦察机、中程无人侦察机、短程无人侦察机、近程无人侦察机。

长航时无人侦察机是一种飞行时间长,能昼夜持续进行空中侦察、监视的无人驾驶飞机。长航时无人侦察机又分为两种类型:高空型长航时无人侦察机,通常飞行高度在 18 000 米以上,续航时间大于 24 小时;中空型长航时无人侦察机一般飞行高度为几千米,续航时间大多不小于 12 小时。由于这类无人机的飞行时间特别长,因而常称为"大气层人造卫星"。目前,高空型长航时无人侦察机已成为无人战略侦察机的主要机型,是世界各国无人机发展的重点。

长航时无人侦察机的代表机型有美国的"狩猎者"(与以色列联合研制)、"蚊式750"、"捕食者"、"全球鹰"、"暗星",以色列的"突击队员"、"探索者"以及"苍鹭"等。图 93 所示为"全球鹰"无人侦察机。

中短无人侦察机是一种

图 93　全球鹰

活动半径在 700～1 000 千米的无人侦察机。它可以实施可见光照相侦察、红外线和电视摄像侦查,能实时传输图像。这种无人侦察机主要用于海军、海军陆战队和空军的军级以上部队在攻击目标前的大面积快速侦察和在攻击后进行战果评估。中程无人侦察机的代表机型有美国的 D-21、324 型"金龟子"和 350 型无人机等。

短程无人侦察机是一种活动半径在 150～350 千米的无人侦察机。这类无人侦察机多数为小型无人机,最大尺寸在 3～5 米,全机重量小于 200 千克。在作战时,适用于陆军的军、师级和海军陆战队的旅级部队进行战场侦察、监视、目标搜索与定位以及战果评估等。其代表机型主要有"瞄准手"、"不死鸟"、"玛尔特"、"猛犬"、"侦察兵"(图 94)、"先锋"以及"沙漠鹰"(图 95)等。

图 94 侦察兵

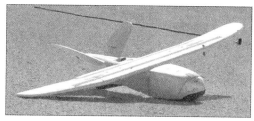

图 95 沙漠鹰

近程无人侦察机是一种活动半径在几千米至几十千米的微型无人侦察机。这类无人侦察机飞行速度小,最大尺寸为 2～4 米,多数飞机全重小于 100 千克,有些飞机重量小于 20 千克。它适用于陆军和海军陆战队的旅或营级部队以及小型舰艇进行战地侦察监视和指挥。

未来无人侦察机将在高空、高速、隐身(包括小型化)、长航时 4 个方面得到发展。

在未来的战争中,长航时无人侦察机特别是高空长航时无人侦察机将成为侦查卫星的重要补充与增强手段,从而列入"侦察卫星—载人飞船—预警机—战略导弹—长航时无人机"防卫作战大系统,成为未来战场获取战略情报的重要手段之一。

三、展翅拍天浪——航天基础知识

(一)航天名词解释

1.航天

航天又称空间飞行或宇宙航行,狭义的指人类在太空的航行活动;广义的指人类探索、开发和利用太空,以及地球以外天体的活动。这些活动借助航天器来实现,包括环绕地球的运行、飞往月球或各大行星的航行(包括环绕天体运行,从近旁飞过或在其上着陆)、行星际空间的航行和飞出太阳系的航行。航天的基本条件是航天器达到足够的速度,克服、摆脱地球引力或太阳引力。宇宙速度是航天所需的特征速度。在相当长的时间内,航天基本上是在太阳系以内的航行活动。人们把在太阳系内的航行活动称为航天,把在太阳系外的航行活动称为航宇。

2. 宇宙速度

物体克服、摆脱地球引力或太阳引力的速度,统称为宇宙速度。

3.第一宇宙速度

第一宇宙速度是在假设的理想条件下,飞行器不加动力,在半径与地球半径相同的圆轨道上环绕地球飞行所需要的最小速度。假设地球是一个圆球,周围也没有大气,物体不加动力能环绕地球运动的最低轨道,就是半径与地球半径相同的圆轨道。这时物体具有的速度是第一宇宙速度,大约为7.9千米/秒。物体在获得这一水平方向的速度后,不需要再加动力就可以环绕地球运动,故又称环绕速度。实际上,环绕速度是随着物体距地心的距离而变化的,第一宇宙速度只是一个特例。飞行器维持在圆轨道上运动的速度用下述公式计算:

$$V = \sqrt{\mu / r}$$

其中:μ——为万有引力常数与地球质量的乘积;

r——为飞行器质心到地心的距离。

当飞行器的高度增加(r变大)时,轨道速度将成比例下降。例如,地球静止轨道(圆轨道)卫星的质心距地面的高度为 35 786 千米,它的轨道速度为 3.07 千米／秒,这就是该高度上的环绕速度。

4.第二宇宙速度

第二宇宙速度是在假设的理想条件下,使地球上的物体脱离地球引力,成为环绕太阳运动物体所需要的最小速度。第二宇宙速度为 11.2 千米／秒,地面物体获得这样的速度就能沿一条抛物线轨道脱离地球,故又称为逃逸速度。实际上,逃逸速度是随着物体距地心的距离而变化的,第二宇宙速度只是一个特例。飞行器沿抛物线轨道脱离地球(引力控制)的逃逸速度用下述公式计算:

$$V = \sqrt{2\mu / r}$$

其中:μ——为万有引力常数与地球质量的乘积;

r——为飞行器质心到地心的距离。

逃逸速度随高度增加(r变大)而降低,同一高度的逃逸速度总是环绕速度的$\sqrt{2}$倍。

5. 第三宇宙速度

第三宇宙速度是在假设的理想条件下,使地球上的物体飞出太阳系相对地心的最小速度。第三宇宙速度为 16.6 千米／秒,地面上的物体在充分利用地球公转速度的情况下,在获得这一速度后,可沿双曲线轨道飞离地球。当该物体到达距地心 93 万千米处,便被认为已经脱离地球引力,以后就在太阳引力作用下运动。这个物体相对太阳的轨道是一条抛物线,最后脱离太阳引力飞出太阳系。航天器轨道速度由下式计算:

$$V = \sqrt{2\mu / r + C}$$

其中:V——为轨道速度;

μ——为万有引力常数与中心天体质量的乘积;

r——为航天器质心到引力中心的距离;

C——为积分常数,由航天器的初始位置和速度决定,C＝0 时为抛物线,

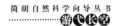

$C<0$ 时航天器轨道为椭圆,$C>0$ 时航天器轨道为双曲线。

第三宇宙速度是在 r 等于地球赤道半径(6 378 千米)的条件下求得的。

5.航天学

航天学又称星际航行学,是研究航天基本原理和指导航天工程实践的综合技术科学。航天学是航天系统,特别是航天器和航天运输系统的设计、制造、试验、发射、运行、返回、控制、管理和使用等航天技术的理论基础。主要分支学科有:航天动力学、空气动力学、火箭结构分析、航天器结构分析、航天热物理学、火箭推进原理、燃烧学、航天材料学、火箭制造工艺学、航天器制造工艺学、飞行控制和导航理论、空间电子学、飞行器环境模拟理论、航天医学、航天系统工程学等。航天学是多种基础科学和技术科学在航天应用中发展起来的,航天工程实践是以航天学的理论作指导,又丰富和发展了航天学的内容,成为一门自成体系的现代综合性技术学科。

6.星际航行

星际航行泛指行星际航行和恒星际航行。行星际航行实际上是以行星为目标的行星航行兼顾行星际航行。航天时代以来,人们发射的航天器已飞抵过金星、火星的表面,飞越过水星、木星、土星、天王星和海王星。下一步将发展载人行星航行,第一个目标是火星。恒星际航行是一个长远的奋斗目标,因为恒星离地球太远了。以最近的恒星半马人座的比邻星为例,距离是 4.22 光年,约合 40 万亿千米。若以现代航天器所能达到的每秒数千米速度,飞抵最近的恒星也需要数万年。只有当飞行器速度达到或接近光速时,恒星际航行才有意义,而要使航天器达到或接近光速,必须依靠核能火箭或光子火箭等新概念火箭。这种火箭目前还仅处于理论研究的阶段,因此,实现恒星际航行有待科学技术出现重大的突破。

(二)火箭

火箭是将航天器如人造卫星、宇宙飞船、航天飞机、空间站、太空星际探测器等载荷物送入地球大气层之外的太空空间或外星的必备工具,是人类摆脱地球引力而进入太空世界的桥梁,因此我们又可以称火箭为"飞天之箭"或"航天之桥"。

运载火箭的工作原理就是中国古代发现的"穿天猴"原理,利用火药燃烧向后的喷力所形成的反作用力使箭体向前飞行。用于现代航天的火箭具有自带燃料和氧气的发动机,既能在大气层内点火,又可在宇宙太空中点火工作。点火后燃烧所产生的炽热气流从喷口喷出,产生强大的推力而将航天器(人造卫星、宇宙飞船、航天飞机、空间站、太空星际探测器等)送入太空。

火箭可从燃料、推力和用途等方面来分类。

1. 液体燃料火箭

液体燃料火箭采用液态氢和液态氧(助燃剂)等液体燃料。这种燃料的燃烧值较高,主要用于大功率航天运载火箭。这种液体燃料火箭使用的都是低温燃料,缺点是必须保持液态氢和液态氧超低温下的液态状(一般要达到-180℃以下,如液氧为-183℃、液氢为-253℃),这对存贮和使用技术都提出了严格要求。此外,液体燃料都是在运载火箭发射前进行灌装,工序比较麻烦,不像固体火箭那样方便,这对运输、灌装、使用等都有较高的技术要求。但液体燃料是不污染环境的"绿色"能源,燃烧后的废气是水蒸气,这是液体燃料的一个优点。固体燃料不是"绿色"能源,燃烧后的产物是一种污染环境的废气,这是固体燃料火箭与液体燃料火箭对环境影响的主要区别。液体燃料火箭也有使用非液氢、液氧等常温燃烧剂和氧化剂的,如燃烧剂用煤油、酒精、偏二甲肼等,氧化剂用过氧化氢、硝酸、四氧化二氮等。

2. 固体燃料火箭

使用固体燃料的火箭多为小型和小功率火箭,多用于导弹上,有时也用于发射小型卫星的火箭上或航天飞机上。固体燃料的优点是使用方便,便于运输和存贮,成本低等。

燃烧剂和氧化剂合起来称为推进剂。固体燃料实际上是采用燃烧值较高的火药再加上一定的添加剂,燃烧值大大高于 TNT 炸药。使用固体燃料时,关键技术是如何制作固体燃料的固化形状、凹孔,如何实现喷火口的活动性及控制。通过控制喷火口的角度达到控制推力角度,实现前端导弹火箭的飞行方向及速度的控制。固体燃料性能较低,多用于作为导弹的推进剂。固体燃料火箭技术被广泛用于小功率及近距离飞行的导弹上。此外,航天飞机在飞出地球大气层,在太空中飞行时,也要采用外挂的固体火箭助推器。

3. 混合推进剂火箭

有的火箭推进剂同时是液态和固体两种形态,叫固液混合推进剂火箭。

一般常采用液体氧化剂和固体燃料,也有采用固体氧化剂和液体燃料的。此外,还有在固体推进剂之外再附加液氢的,叫三组元推进剂。

4.电火箭

电火箭采用电火箭发动机推进。电火箭发动机是利用电能加速工质形成高速射流而产生推力的,由电源、电源交换器、电源调节器、工质供应系统和电推力器等组成。电源和电源交换器供给电能;电源调节器按预定程序启动发动机,并不断调整电推力器的各种参数,使发动机始终处于规定的工作状态;工质供应系统贮存和输送工质;电推力器将电能转变成工质的动能,使其高速喷出而产生推力。电火箭发动机按工质加速方式,可分为电热火箭发动机、静电火箭发动机、电磁火箭发动机。电火箭发动机与化学火箭发动机不同,能源和工质是分开的。电能由飞行器提供,一般由太阳能、核能和化学能经转换装置得到。工质常用氢、氮、氩和碱金属(如汞、铯、锂等)的蒸气等。电火箭发动机比冲高、寿命长,但推力小于100牛,适用于航天器的姿态控制、位置保持和星际航行。

5.不同推力火箭

火箭按其推力,则分为小型火箭、中型火箭、大型火箭和重型火箭。对于具有一定推力的火箭,载荷与被发射物要进入哪一类轨道有关。发射的轨道越高,火箭载荷量越小;反之,轨道越低,载荷量越大。

重型火箭:推力大于5吨的火箭称为重型火箭。如阿里亚娜5号(欧洲)、能源号(俄罗斯)、质子号(俄罗斯)、大力神3(美国)、大力神4(美国)、航天飞机(美国)、长征2E(中国)等。

大型火箭:推力2～5吨的火箭称为大型火箭。如阿里亚娜4号(欧洲)、宇宙神2A(美国)、宇宙神2AR(美国)、德尔塔3(美国)、长征2EJA(中国)、长征3B号(中国)、H-23A(日本)、GSLV(印度)等。

中型火箭:推力1～2吨的火箭称为中型火箭。如德尔塔6925(美国)、长征3号(中国)、闪电号(俄罗斯)、II-1(日本)等。

小型火箭:推力在1吨左右的火箭称为小型火箭。如中国的长征1D号、长征2号、长征2A号等。

6.探空火箭

探空火箭是在近地空间进行探测、科学试验和作业的火箭,一般不设控制系统,是 30～200 千米高空的有效探测工具。探空火箭通常按研究对象或用途分类,如地球物理火箭、气象火箭、生物火箭、技术试验火箭和防雹火箭等。探空火箭可探测大气层的结构、成分和参数,研究电离层、地磁场、宇宙线、太阳活动及辐射等多种日地物理现象;探测用于天气预报的高层大气参数,进行气候变化研究和灾害性天气研究;进行生物对空间飞行环境的适应性研究、生理变化研究和空间生物学研究,并为载人航天器及其生保系统提供设计依据;对用于空间的航天新技术、新产品进行高空试验验证。防雹火箭一般为射高 3～8 千米的小型火箭,专门用于消雹、人工降雨,以减少自然灾害。探空火箭具有结构简单、成本低廉、发射方便等优点,技术上主要要求是飞行稳定,能达到预定高度和减少弹道顶点和落点的散布。探空火箭由箭体结构、动力装置和稳定尾翼等部分组成,与有效载荷、发射装置和地面台站一起组成探空火箭系统,有效载荷可利用降落伞等气动减速装置会收。发射装置处于垂直或接近垂直状态,可装于地面移动发射车上,也可根据需要从舰船或升入空中的气球上发射。世界上第一枚探空火箭是美国 1945 年研制的"女兵下士"火箭。中国第一枚探空火箭是 1960 年 2 月 19 日发射成功的 T-7 多用途试验火箭。此外,中国于 1968 年和 1979 年分别成功发射"和平"2 号与"和平"6 号固体气象火箭。

7. 航天运载火箭

运载火箭有两项新的要求:一是要能飞出稠密大气层;二是必须达到 7.9 千米／秒的第一宇宙速度,也就是能在近地轨道绕地球做圆周运动的速度。中国长征系列运载火箭的第一种型号是长征一号,为三级火箭。它的第一级、第二级是在中远程导弹基础上稍加改进而成,采取这种措施不仅运载能力可以满足要求,成功的把握性大,而且可以保证进度、节约经费。长征一号的第三级是当时新研制的固体发动机,这种发动机能在 600 千米高空实现点火。

8. 单级运载火箭

单级运载火箭主要应用于小推力的场合,如导弹系统,当火箭点火后便能执行任务(爆炸或执行其他任务)。如探空火箭就是单级火箭,发射升空后执行探测任务。单级火箭结构简单,多为固体燃料,便于存贮和运输。但单级火箭推力小,无法达到第一宇宙速度,无法飞出大气层,进入太空飞行。要想达到第二宇宙速度而绕地球飞行,或冲出大气层进入太空实现太空飞

行,必须采用多级火箭结构。

9.多级运载火箭

多级运载火箭是相互串联而成,每级能获得 4 千米／秒的速度,二级火箭就可以获得约 7.9 千米／秒的第一宇宙速度,可以使卫星环绕地球飞行。如果采用高效率的液体推进剂三级火箭,就可以获得 12 千米／秒的速度(大于 11.2 千米／秒的第二宇宙速度),而使航天器脱离地球轨道而进入太空,实现太阳系中的星际飞行。如使用更多级火箭,则可以使航天器达到第三宇宙速度(16.7 千米／秒)或大于此速度而冲出太阳系,实现宇宙星系间航行。

以三级火箭为例,火箭的工作程序如下:

(1)在卫星的发射过程中,第一级及助推火箭首先点火,完成使命后助推火箭先分离,然后第一级与第二级分离。与此同时,第二级发动机点火,顶部的整流罩抛出,露出卫星。当第二级完成任务后,即与第三级分离。当第二级火箭分离后,第三级火箭点火工作,飞到预定高度后发动机关闭。顶部的卫星如有必要,将会在准确的方位上开始自旋(有的卫星在进入轨道后才自旋)。此时小爆炸螺栓按指令点火,先释放出第一颗卫星,然后释放第二颗卫星(整流罩中串行放两颗卫星时)。一旦第三级火箭完成使命,就会与所发射的卫星保持一定的安全距离,进入另一条轨道,以免撞毁卫星。第三级火箭往往成为太空垃圾,随着轨道下沉,最后坠入大气层烧毁。

卫星发射时,天线和太阳能电池帆板等部件通常是处于折叠状态。卫星尺寸和外形不同,应选择不同型号的头部整流罩。双星发射时,底部的卫星由一个名叫双星发射系统的碳纤维保护罩保护着。

(2)如果是发射宇宙飞船,前两级工作程序与卫星发射相同。当第三级点火后,便将飞船推向外层空间,脱离地球引力而超过第二宇宙速度。进入轨道后,第三级火箭便分离,航天器点火,靠自身动力系统在太空中飞行,三级火箭便成为太空垃圾。例如,美国的阿波罗号登月飞船的运载火箭——土星 5 号,就是以液氢和液氧作为推进剂的。当第三级火箭点火后,将阿波罗号飞船推入奔月飞行轨道,三级火箭此后与船体分离。土星 5 号第一级燃烧 2 分 30 秒,第二级燃烧 6 分 30 秒,第三级燃烧约 2 分 30 秒,便把飞船送入绕地球飞行的轨道。第三级继续燃烧 5 分 30 秒,便把飞船送入飞向月球的轨道。

10.捆绑式运载火箭

捆绑式多级运载火箭又称并联火箭,是把一个大的单级火箭(芯级)放在中间,四周绑上小火箭,这种火箭一般都用于需要较大推力时。捆绑助推火箭(小火箭)往往都被绑在第一级芯箭四周(2枚或四枚),点火时也是同第一级火箭同时点火,完成任务后脱离箭体。然后第二级火箭开始点火,程序同前。助推火箭往往采用固体燃料。

(三)导弹

导弹是依靠自身的动力装置推进并携带战斗部,由制导系统导向摧毁目标的飞行器。导弹的战斗部可为核弹头、常规炸药弹头、生物化学弹头或电磁脉冲弹头。在第二次世界大战末期,德国制造和使用的 V-1(飞航式)和 V-2(弹道式)地地导弹是最早的导弹。战后,美国和前苏联都在德国技术的基础上开展了各自的导弹研制工作,其他工业发达国家及一些发展中国家陆续加入到这个行列中来。20 世纪末,全世界研制的各类导弹达 800 余种,导弹的技术水平和技术性能有了飞跃发展。

根据飞行方式、用途、目标类型、发射位置、射程等,可对导弹进行分类。

导弹的主要分类

分类方法	导弹分类	
按作战使命分	战略导弹	攻击型导弹
		防御性导弹
	战术导弹	攻击型导弹
		防御性导弹
按飞行方式分	弹道导弹	
	有翼／巡航导弹	
按发射位置分	陆射导弹	固定发射导弹
		机动发射导弹
	海射导弹	潜射导弹
		舰射导弹
	空射导弹	

（续表）

分类方法	导弹分类
按导弹射程分（指弹道导弹和巡航导弹）	洲际导弹（射程＞8 000 米） 远程导弹（射程＞5 000 米） 中程导弹（射程1 000～5 000 米） 近程导弹（射程＜1 000 米）
按作战任务分（目标）	攻击地面（战略、战术）目标导弹 防空导弹 反舰（潜）导弹 反辐射导弹 反坦克（装甲目标）导弹 反弹道导弹 反卫星导弹

1. 弹道导弹

弹道导弹是靠火箭发动机动力上天，按预定弹道飞行，然后沿自由抛物线弹道飞行。整个弹道可分为主动段和被动段。一般大型的洲际导弹用三级或两级固体火箭发动机来推进。发动机将导弹垂直推上天空，约10秒钟后发动机控制导弹朝向目标方向飞行。导弹在火箭发动机的推动下，穿越大气层。发动机推进剂燃烧完后，火箭依仗最后一级发动机的推力靠惯性继续向上爬升，然后按抛物线弹道下滑。进入大气层后的弹头可借助各种导航方式，直到最终精确命中目标。第二次世界大战末期德国的 V-2 导弹就是一种弹道式导弹。

2. 战术导弹

用于毁伤战役纵深的敌方目标或直接支援作战或独立作战的各种导弹，称为战术导弹。战术导弹的种类很多，用于打击各种不同类型的目标。有用于打击敌方军事基地、机场、雷达、港口、指挥所、部队集结地等各种地面目标的地地、空地导弹；有用于打击敌方水面目标的空舰、舰舰、岸舰导弹；有用于打击敌方飞行中的飞机、直升机等空中目标和拦截来袭导弹的地空、舰空、空空导弹；有专门用于对付敌方坦克等装甲车辆的反坦克导弹；还有多用途导弹，如美国的"战斧"战术巡航导弹。

3.巡航导弹

巡航导弹依靠喷气发动机的推力和弹翼的气动力,以巡航状态在大气层内飞行。这种像飞机一样飞行的导弹早期被称作飞航式导弹,可以从地面、空中、水面或水下发射,攻击固定目标或活动目标。其战斗部为普通装药或核装药,既可作战术武器,也可作战略武器。战斧式导弹就是美国发展的一种巡航式导弹。

(四)火箭的结构与发射

航天运载火箭,主要包括动力系统、控制系统、壳体及结构系统、有效载荷系统四大部分。

1.火箭发动机动力系统

火箭发动机是使火箭具有强大推力的动力系统,包括主动力系统和其他辅助动力设备。按照燃料形式,分为固体(推进剂)发动机、液体(推进剂)发动机、固液混合(推进剂)发动机,推进剂包括燃烧剂和氧化剂两部分。这3种推进剂的火箭发动机结构是不同的。

(1)固体火箭发动机:固体火箭发动机通常由燃烧室、喷管和点火装置等组成。燃烧室放置固体推进剂药柱,燃烧室的后部连接喷管,喷管可以是一个或多个。点火装置由电爆管、点火药和壳体结构组成,实际上是一个小型的固体发动机。点火装置按照不同的点火要求,可以安装在发动机的头部、药柱的中部、或尾部。发动机工作时,先通电使电爆管爆炸,引燃点火药,然后由点火药点燃存放在燃烧室内的药柱,药柱燃烧产生的燃气流通过喷管高速喷出而产生推力。

固体火箭发动机结构较简单、工作可靠,药柱可长期贮存于燃烧室内,但效能较低、工作时间短,不宜多次启动,推力大小、方向的调节也比较困难。

(2)液体火箭发动机:液体火箭发动机一般由推力室、推进剂供应系统和发动机控制系统组成。

①推力室:是发动机中产生推力的部分,由推进剂喷注器、燃烧室和喷管组成。对于非自燃推进剂,还有点火装置(如火花塞等)。推进剂由喷注器喷入燃烧室,经雾化、混合、燃烧,形成 3 000~4 000℃的高温和几十兆帕的高压燃气,在喷管内迅速膨胀,以每秒数千米的速度高速喷出而产生推力。

②推进剂供应系统：是把液体推进剂从贮存箱输送到推力室的系统，这好像是人的心血管系统一样，构造十分复杂，有挤压式和泵压式两种。对于现代大型火箭，主要是泵压式（包括泵、涡轮、传动机构和涡轮启动系统等）。

推进剂是靠高速转动的涡轮泵送到推力室的，因此，涡轮泵常常被说成是火箭的心脏。发动机要工作，必须先让涡轮泵转动起来，涡轮启动系统就像是心脏起搏器一样。

③发动机控制系统：作用是控制发动机的启动、点火和关机（即熄火）等工作程序，控制推进剂的混合比例，控制推力的大小和方向等。工作程序控制按事先设计好的程序，打开和关闭发动机供应系统的阀门来完成。推进剂的混合比例和推力的大小，则通过发动机上特有的装置和方法来控制。推力方向控制一般采用摇摆发动机，即通过发动机的偏转来调整推力方向。石墨舵偏转和发动机的摇摆，都是由火箭的控制系统发出命令，通过液压伺服机构来完成的。

液体火箭发动机的主要优点是工作效率高，工作时间长，可以多次启动，推力大小和方向都可以控制；缺点是发动机结构复杂，推进剂（包括燃烧剂和氧化剂）不易长期存贮。在大型运载火箭发射前，要现场进行灌装，易发生危险。

（3）固液混合火箭发动机：这种火箭发动机一般是由放置固体燃料（或氧化剂药柱）的燃料室、喷管和贮放液态氧化剂和燃烧剂的贮箱，以及液体推进剂组分供应系统所组成。

当发动机工作时，可以是固态、液态推进剂组分相互接触时自燃点火，也可以像固体发动机那样安装一个火药点火器。液体推进剂组分的供应则利用压缩气体或燃气涡轮泵。

上述 3 种发动机，不论哪种类型，提高性能的措施主要是提高发动机的喷气速度，因此，最重要的是选择高性能的推进剂。同时要优化发动机设计方案，在尽量减少发动机自重的同时，提高推进剂的比冲值（即能量效应）。

火箭飞行控制系统是运载火箭的"智能"部分，好比是火箭的"眼睛、大脑和手脚"，通常由制导系统、姿态控制与电源配电组成的火箭飞行控制系统，设置在地面的测试检查及发射控制系统组成。

2. 火箭壳体及结构系统

火箭的壳体及其结构系统,是安装有效载荷、飞行控制系统、动力装置等设备,并联成一个有机整体的框架系统。

壳体及结构系统不仅担负着火箭在运输、发射和飞行过程中承受各种外力、保护火箭内仪器设备不受损害的任务,而且还有流线型的光滑外壳,使火箭具有良好的空气动力外形和飞行性能。对于一枚大型多级液体火箭,箭体结构通常由有效载荷舱、整流罩仪器舱、氧化剂贮箱、燃料贮箱、级间段、发动机推力结构、尾舱和分离机构等组成。

(1)载荷舱:有效载荷舱一般位于运载火箭的顶端,是安放卫星、飞船等有效载荷的地方。整流罩是保护有效载荷的火箭外壳。在有效载荷与箭体分离前,整流罩将按照控制系统的命令在空中与卫星或飞船脱离。

(2)仪器舱:仪器舱一般在有效载荷舱的下面,是安装飞行控制系统主要仪器设备的专用舱段。

(3)箭体结构:火箭通常有单级箭体、多级箭体和捆绑式箭体等;多级运载火箭各级之间有串联、并联和串并联3种连接方式。串联式火箭是把数枚单级火箭头尾相接,连为一体。并联火箭又叫捆绑式火箭,是把较大的一枚单级火箭放置中央,称为芯级,周围再捆绑若干枚助推箭或助推器,称之为助推级。串并联式火箭与并联式火箭的区别,在于它的芯级不是一枚单级火箭,而是串联的多级火箭。

3. 火箭发射程序

运载火箭的发射,包括起飞、加速、入轨、箭器分离等。如果发射的是回收式航天器,最后还有回收程序。

(1)起飞:火箭经过事先组装、测试以及某些试验(如风洞试验,该试验一般用模型)后,使用运输系统(火车或汽车、拖车)运往发射场,竖立在发射架上,然后进行发射前的准备工作,如航天器的安装、所有管线的连接等。如果是液体推进剂火箭,还要加注推进剂,填充压缩空气和安装爆炸螺栓等火工品(航天器安装要先于火工品安装,以保障安全)。然后进行全箭检查、火箭垂直度调整和方向粗瞄准;最后再进行方向精瞄准和临射检查;向火箭推进剂贮箱充气增压。启动发动机,火箭起飞,沿预定轨道飞行。当然,点火起飞是由电子计算机倒计时和一系列控制指令实现的。

(2)加速和飞行:火箭起飞后,沿预定发射轨道飞行,发射轨道包括垂直起飞段、程序转弯段和入轨段。随着各级火箭的不断点火加速,火箭的速度逐步加快,每级火箭能获得约 4 千米/秒的速度。

(3)入轨:各种运载火箭在前两段的工作程序基本相同,而在入轨阶段则有些差异,有直接入轨的,有滑行入轨的,有过渡转移入轨的。

①直接入轨:适用于低轨道航天器,如地球资源探测卫星、侦察卫星和载人航天飞船等。在这种入轨方式下,火箭是连续工作。当最后一级火箭发动机关机时,航天器便进入预定轨道,箭体与航天器分离(整流罩先行分开)。在此前,各级火箭顺次点火,完成工作的那一级火箭便被及时抛掉。

②滑行入轨:适用于发射中、高轨道的航天器,如太阳同步气象卫星、导航卫星等。滑行入轨分主动段(发动机点火工作段)、滑行段(发动机关机靠惯性飞行段)、加速段(发动机再次点火,适用于液体推进剂火箭,固体火箭无法再次点火)飞行。

③过渡转移入轨:适用于发射地球同步轨道航天器,如地球同步轨道通信卫星、气象卫星等,这种入轨方式十分复杂。第一、二级火箭连续工作,接着第三级火箭第一次点火,使卫星与第三级火箭同时进入小椭圆轨道(停泊轨道),绕地球飞行。当与赤道平面相交时,第三级火箭第二次点火工作,于是将卫星送入 36 000 千米高的赤道上空,近地点为 400 千米的大椭圆轨道,称为过渡轨道。当达到预定轨道后,箭星分离。至此,运载火箭完成了发射任务。

至于在轨道上的卫星的姿态调整、轨道参数测量及轨道微调,则是地面测控站的任务了。星际探测器或无人飞船、载人飞船的太空飞行、登陆外星等,则要受在地面宇航测控中心的监视和控制。

(五)世界主要国家的运载火箭

1.中国运载火箭

(1)长征一号火箭:长征一号是用来发射东方红一号卫星的,1970 年 4 月 24 日发射成功,此后又用它来发射多枚卫星。长征一号又叫做 CZ-1 或 LM-1。长征一号是三级火箭,全长 29.45 米,最大直径 2.25 米,起飞重量 81.6 吨,起飞推力 112 吨,能把 0.3 吨重的卫星送入 400 千米高的近地轨道。长征一号火箭奠定了长征系列火箭发展的基础。

(2)长征二号火箭:长征二号的前身是中远程导弹,长征二号第一级发动机推力达 70 吨,比长征一号的同级发动机(推力为 28 吨)提高许多。

长征二号除发射卫星外,重要意义在于它是后续长征二号及系列改进型火箭的"母箭",CZ-2C、CZ-2D、CZ-2F、CZ-2 捆、CZ-3 和 CZ-4 火箭都是由长征二号发展而来的(CZ 后边的数字 1、2、3、4 后的 A、B、C、D、E、F,与甲、乙、丙、丁、戊、己一一对应)。长征二号是两级火箭,全长 31.65 米,最大直径3.35 米,起飞重量 191 吨,总推力 280 吨,能把 1.8 吨的卫星送入数百千米的椭圆轨道。

(3)长征三号火箭:长征三号主要是用来发射地球同步卫星的,分为甲、乙两种型号。由于地球同步轨道较高(高达 36 000 千米),故需要大推力火箭。所以,长征三号火箭的第三级火箭发动机改为用液氢和液氧作为低温高能推进剂,燃烧效率高,在飞行中可两次点火(在飞行中关机后可再次点火)。1984 年 4 月 8 日,我国用长征三号运载火箭首次成功地将东方红二号实验通信卫星成功发射到地球同步轨道,从而使我国成为第三个使用低温高能推进剂——液氢和液氧的国家,成为第二个掌握高空、微重力条件下发动机二次点火的国家。

长征三号火箭全长 43.25 米,一、二级直径 3.35 米,三级直径 2.25 米,起飞重量 204 吨,起飞推力 296 吨,同步转移轨道的运载能力为 1.4 吨。长征三号火箭的发射成功,标志着中国运载火箭跨入世界先进行列。

(4)长征四号火箭:长征四号是作为长征三号备份用的。采用较成熟的常规技术,推进剂为四氧化二氮和偏二甲肼。后改进成长征四号甲,用来发射太阳同步气象卫星,也用来发射极地卫星。我国 1988 年 9 月 7 日在太原发射中心用它发射"风云一号"气象卫星成功;1990 年月 9 月 3 日在发射两颗"风云一号"气象卫星时还搭乘了两颗大气一号气象卫星,从而使长征四号名声显赫。

长征四号火箭与长征三号尺寸差不多,运载能力也相近,但发射重型卫星仍不能胜任。火箭全长 41.9 米,一、二级直径 3.35 米,三级直径 2.9 米,起飞重量 249 吨,起飞推力 296 吨,地球同步转移轨道的运载能力为 1.25吨,太阳同步轨道的运载能力为 1.65 吨。

中国自 1956 年开始现代火箭的研制工作。1964 年 6 月 29 日,中国自行设计研制的中程火箭试飞成功之后,即着手研制多级火箭,向空间技术进军。经过了 5 年的艰苦努力,1970 年 4 月 24 日"长征 1 号"运载火箭诞生,首次发射"东方红 1 号"卫星成功,中国航天技术迈出了重要的一步。现在"长征"系列火箭已经走向世界,在国际发射市场占有重要一席。

目前为止中国共研制了 12 种不同类型的长征系列火箭,能发射近地卫星、地球静止轨道卫星和太阳同步轨道卫星。从 1970 年 4 月到 2000 年 6 月,我国发射长征系列火箭共计 100 次。

2.俄罗斯主要运载火箭

俄罗斯地处高纬度的北半球,发射场远离赤道,故利用地球自转速度发射航天器的条件不如赤道地区优越,只好靠生产大功率的运载火箭来弥补这一缺陷,因此,俄罗斯运载火箭的功率都很大。到目前为止,俄罗斯还在使用一些著名的老型号运载火箭,如"质子号"、"闪电号"、"联盟号"、"宇宙号"和"旋风号"(乌克兰是用"天顶号")等。俄罗斯的火箭技术成熟、发射载荷大、发射成功率高、成本低,多用于发射飞船和卫星。

(1)"东方号"火箭:"东方号"系列火箭是世界上第一个航天运载火箭系列,包括"卫星号"、"月球号"、"东方号"、"上升号"、"闪电号"、"联盟号"、"进步号"等,后 4 种火箭又构成"联盟号"子系列火箭。

"东方号"运载火箭是对"月球号"火箭略加改进而来的,主要是增加了一子级的推进剂重量和提高了二子级发动机的性能。这种火箭的中心是一个两级火箭,周围有 4 个长 19.8 米、直径 2.68 米的助推火箭。中心的两级火箭,一子级长 28.75 米,二子级长 2.98 米,呈圆筒状。发射时,中心火箭发动机和 4 个助推火箭发动机同时点火。2 分钟后,助推火箭分离脱落,主火箭继续工作 2 分钟后也熄火脱落。接着末级火箭点火工作,直到把有效载荷送入绕地球的轨道。东方号火箭因发射东方号宇宙飞船而得名,1959 年 1 月 2 日试飞,成功发射月球 1 号探测器。后来又 4 次用于发射动物卫星舱的试验。1961 年 4 月 12 日,它把世界上第一位宇航员加加林送上地球轨道飞行并安全返回地面。截至 1980 年,东方号火箭总共发射了 85 个航天器,其中包括 5 艘载人飞船。

(2)"联盟号"火箭:"联盟号"系列运载火箭是前苏联(俄罗斯)"东方号"系列运载火箭中的一个子系列。该系列分为二级型的"联盟号"和三级型的

"闪电号"。"闪电号"运载火箭于 1960 年 10 月 10 日首次发射。它的箭体四周侧挂 4 台圆锥形助推器,助推器及芯级 3 个子级均使用液氧/煤油推进剂。它主要用于发射"闪电号"通信卫星、预警卫星和科学卫星以及空间探测器,可以把 1.6 吨的"闪电号"卫星送入特殊的椭圆轨道。"联盟号"于 1963 年 11 月 1 日首次发射。它利用了"闪电号"的助推器及第一级和第二级,并根据载人航天发射对安全性的要求设计了逃逸系统。"联盟号"是前苏联(俄罗斯)使用最频繁的运载火箭,主要用于发射"联盟号"载人飞船、"进步号"货运飞船以及照相侦察卫星和地球资源卫星等,低轨运载能力 7.3 吨。1999 年"联盟号"以一箭四星方式发射了 24 颗"全球星"低地轨道移动通信卫星。截至 2000 年底,"闪电号"共发射 307 次,失败 33 次,成功率 89.3%;"联盟号"共发射 1 111 次,失败 35 次,成功率 96.8%。"联盟号"运载火箭在 20 世纪 80 年代,曾创造了连续 146 次发射成功的纪录。

(3)"能源号"火箭:"能源号"运载火箭是前苏联(俄罗斯)的超级巨型运载火箭。1987 年 5 月 15 日在拜科努尔航天中心发射成功。

1988 年 11 月 15 日,"能源号"火箭将不载人的暴风雪号航天飞机载入太空轨道飞行,成为前苏联运载火箭发展的一个新的里程碑。

"能源号"运载火箭的总设计师是古巴诺夫。这种巨型火箭箭长约 60 米,总重 2 400 吨,起飞推力 3 500 吨,能把 100 吨有效载荷送上近地轨道。

"能源号"运载火箭由两级组成。第一级捆绑 4 台液体助推火箭,高 39 米;第二级为直径 8 米的芯级,由 4 台液氢液氧发动机组成。发射时,第一、二级同时点火,第一级 4 台助推火箭工作完成后,由地面控制使其脱离芯级火箭后予以回收,经修理后可重复使用 50 次;第二级即芯级火箭可将有效载荷送入地球轨道运行。

"能源号"运载火箭的主要任务有:发射多次使用的轨道飞行器;向近地空间发射大型飞行器、大型空间站的基本舱或其他舱段、大型太阳能装置;向近地轨道或地球同步轨道发射重型军用、民用卫星;向月球、火星或深层空间发射大型有效载荷。

(4)"质子号"系列火箭:是前苏联(俄罗斯)的系列运载火箭,分为二级型、三级型和四级型,在哈萨克斯坦境内的拜科努尔航天发射场发射。第一级装有 6 台 RD-253 单燃烧室高压补燃发动机(单台地面推力 1 474 千牛),

捆绑在中央大型氧化剂贮箱周围。第二级采用 4 台并联安装的 RD-0210 发动机,低地轨道运载能力为 12.2 吨。三级型"质子号"于 1968 年 11 月 16 日首次发射,是在二级型的基础上增加了第三级,低地轨道运载能力提高到了 20 吨。它是世界上第一种发射空间站用的运载火箭,曾用于发射"礼炮"1～7 号空间站、"和平号"空间站各舱段和其他大型低地轨道有效载荷。1998 年 11 月 20 日,它发射了国际空间站的第一个舱段。四级型"质子号"于 1967 年 3 月 10 日首次发射,用于发射地球静止轨道卫星、空间探测器以及大型侦察卫星和导航卫星。它在三级型的基础上加装了液氧/煤油第四级,地球同步转移轨道运载能力为 4.35 吨,地球静止轨道运载能力为 1.88 吨。配备"和风"M 四级新型"质子"M 火箭,地球同步转移轨道运载能力提高到了 5.5 吨,地球静止轨道能力达 2.92 吨。截至 2000 年底,"质子号"系列运载火箭共发射 282 次,失败 34 次,成功率 87.9%。

(5)"天顶号"火箭:"天顶号"是前苏联(俄罗斯)的一种中型运载火箭,主要是用来发射轨道高度在 1 500 千米以下的军用和民用卫星、经过改进的"联盟号"TM 型载人飞船和"进步号"改进型货运飞船。"天顶号"2 型是两级运载火箭,一子级还被用作"能源号"火箭助推级的助推器。"天顶号"3 型是三级运载火箭,是在二型的基础上增加了一个远地点级,用于将有效载荷送入地球同步轨道、其他高轨道或星际飞行轨道。2 型与 3 型用的一子级和二子级是相同的。

"天顶号"是前苏联继"旋风号"后第二个利用全自动发射系统实施发射的运载火箭。在发射场,火箭呈水平状态进行总装、测试,转运至发射台。所有发射操作,包括火箭离开总装测试厂房、由铁路转运至发射台、起竖、连接电路、气动与液压系统测试、加注推进剂、点火等,都是按照事先确定的程序自动进行的。

"天顶号"2 型最大长度 57 米,最大直径 3.9 米。"天顶号"3 型最大长度 61.4 米,最大直径 3.9 米。

3.美国运载火箭

在航天领域,美国是与前苏联(俄罗斯)进行竞争和合作的主要国家。在 20 世纪 50～60 年代,美国在竞争中处于劣势和落后的境地,原因之一就是运载火箭不过关。1969 年 7 月 21 日阿波罗 11 号登月成功与随后进行的一系列阿波罗号登月飞行,使美国在航天领域的竞争中逐渐赶上并处于领先地位。著名火箭专家冯·布劳恩在发展美国火箭技术上立下了汗马功劳。他主持研制的丘比特C号运载火箭将美国第一颗人造地球卫星探险1号送入太空,时间是1958年2月1日。布劳恩用丘比特号改进型火箭为美国征服太空开创了新纪元。

此后,美国国家航空航天局(NASA)把几种中程和洲际导弹经改造,研制成雷神号、大力神号、德尔塔号、宇宙神号等多种系列的运载火箭。

(1)"雷神"火箭:"雷神"系列运载火箭是在"雷神"中程弹道导弹的基础上发展起来的,主要用来发射军用卫星和早期的航天探测器。该系列包括"雷神-艾布尔"、"雷神-艾布尔星"、"雷神-博纳"、"加大推力雷神-阿金纳"等型号,是美国早期发射小型卫星的运载火箭,从1959年以来发射400多次,现已不常用。

(2)"宇宙神"系列火箭:"宇宙神"系列运载火箭是美国的系列运载火箭。该系列于1958年12月18日首次发射,曾经发射过世界上第一颗通信卫星、美国第一艘载人飞船和多种空间探测器。迄今为止,该系列共发展了17种型号,正在使用的主要是"宇宙神"2A"宇宙神"2AS和最新研制的"宇宙神"3,正在研制的是具有多种配置的"宇宙神"5子系列。"宇宙神"3是向"宇宙神"5过渡的一个子系列,分为3A型和3B型,地球同步转移轨道运载能力分别为4.1吨和4.5吨。"宇宙神"3A于2000年5月24日成功进行了首次发射。"宇宙神"3的最大特点是采用了俄罗斯设计的新型RD-180大推力液氧(煤油)发动机。这种发动机还将用在"宇宙神"5的各个型号上。研制中的"宇宙神"5分为多种型号,在第一级采用了通用模块化设计,其中的重型火箭使用了3个通用模块,可以把13吨的有效载荷送入地球同步转移轨道。截至2000年底,"宇宙神"系列运载火箭已发射312次,失败35次,成功率为88.8%。

(3)"德尔塔"系列火箭:"德尔塔"系列运载火箭是美国的系列运载火箭。该系列于1960年5月13日首次发射,40年来已发展了19种型号,地球同步转移轨道运载能力从最初的45千克提高到了目前的3.8吨。目前正在使用的是"德尔塔"2和"德尔塔"3,正在研制的是具有多种配置的"德尔塔"4子系列。截至2000年底,"德尔塔"系列运载火箭已发射282次,失败

15 次,成功率 94.7%。

(4)"大力神"系列火箭:"大力神"系列运载火箭是美国的系列运载火箭。该系列由"大力神"2 洲际弹道导弹发展而来,1964 年 4 月 8 日首次发射,曾用于发射美国"双子星座"号载人飞船、政府的军用和民用卫星、空间探测器以及商业卫星。该系列由"大力神"2、"大力神"3、"大力神"4 和"商用大力神"3 等型号和子系列组成,目前正在使用的有"大力神"2 和"大力神"4。"大力神"2 又称 2G 型或 2SLV 型,是用退役"大力神"2 导弹改装成的。改装后的两级运载火箭主要用于发射电子情报卫星、军事气象卫星和政府的有效载荷。"大力神"4 于 1989 年 6 月 14 日首次发射,截至 2000 年底共发射 30 次。截至 2000 年底,"大力神"系列运载火箭已发射 208 次,失败 17 次,成功率 91.8%。

(5)"土星号"巨型登月火箭:"土星号"运载火箭是在美国火箭专家冯·布劳恩主持下研制设计的,主要为登月计划服务。从 1964 年开始实施土星巨型登月火箭研制计划,至 1967 年的 3 年间相继研制成功土星 1 号、土星 1B 号、土星 5 号等巨型运载火箭。

①土星 1 号:是两级火箭,1964 年首先研制成功。火箭长 38.1 米,直径 5.58 米,发射重量 502 吨,近地轨道的有效载荷为 10.2 吨。它曾用来试验发射阿波罗号飞船模型。

②土星 1B 号:是土星 1 号的改进型,为两级火箭,1966 年研制成功。火箭长 68.3 米,直径 6.6 米,发射重量 590 吨,最大有效载荷 18.1 吨。1966~1975 年共发射 9 次,除做运载阿波罗号飞船实验外,还 3 次将宇航员送上太空实验室空间站,1 次发射阿波罗号载人飞船,与前苏联的联盟号飞船对接。

③土星 5 号:是世界上最大的巨型运载火箭,是三级火箭,1967 年研制成功。火箭全长 110 米,直径 10.1 米,起飞重量 2 950 吨,近地轨道的有效载荷达 139 吨,飞往月球轨道的有效载荷为 47 吨。1967~1973 年共发射 13 次,其中 6 次将阿波罗号载人飞船送上月球。土星 5 号在人类航天史上写下了最为光辉的一页。

4.欧洲空间局运载火箭

"阿里安"系列运载火箭是欧洲商用运载火箭,该系列已有"阿里安"1~5 共 5 个型号或子系列,目前正在使用的是"阿里安"4 和"阿里安"5。"阿里安"5 正在进行改进,逐步把地球同步转移轨道运载能力从目前的 6 吨提高到 11～12 吨。"阿里安"系列运载火箭是世界上最成功的商用运载火箭。截至 2000 年底,"阿里安"系列运载火箭共发射 135 次,失败 7 次,成功率94.8％。

5.日本运载火箭

在航天领域,日本虽是后来者,但发展势头却不容忽视。1969 年创立了日本宇宙开发事业团。日本航天工业有"L 系列"、"M 系列"、"N 系列"、"H 系列"、"J 系列"等火箭,其中"L 系列"仅"L-4S"是运载火箭,并在 1970 年 2 月 11 日成功地发射了日本第一颗人造卫星"大隅号"。

(1)L 系列火箭:是日本最早期的火箭,仅"L-4S"火箭是多级固体运载火箭。自 1964 年 5 月开始,"L-4S"火箭进行了数次飞行试验,直到 1970 年 2 月 11 日"L-4S-5"火箭成功发射了日本第一颗人造卫星"大隅号",为日本航天业奠定了基础。"L-4S-5"火箭为四级,箭长 16.5 米,最大直径约 1.4 米。

(2)M 系列火箭:基于"L-4S"火箭,第一代"M 系列"火箭是"M-4S"火箭,比"L-4S"试验火箭的运载能力提高了 3 倍。该火箭为四级固体火箭,全长 23.6 米,直径 1.41 米,总重 43.5 吨,可将 75 千克的有效载荷送上近地椭圆轨道。第二代以后"M 系列"火箭改为三级,型号分别为"M-3C"、"M-3H"、"M-3S"等。

(3)N 系列火箭:N 系列火箭是日本引进美国的"雷神－德尔塔"火箭技术后研制成功的,包括"N-1"火箭和"N-2"火箭。"N-1"火箭有三级,总长为 32.6 米,最大直径 2.44 米,起飞重量 90 吨,近地轨道的有效载荷重 1.2 吨,地球同步转移轨道的有效载荷重 260 千克。"N-2"火箭总长 35.4 米,起飞重量 136 吨,近地轨道有效载荷为 2 吨,地球同步转移轨道的有效载荷为 680～715 千克。

(4)H 系列火箭:H 系列火箭分为"H-1"型和"H-2"型。"H-1"是一种三级常规燃料火箭,全长 40.3 米,直径 2.4 米,总重达 140 吨,可把 1 吨重的卫星送入地球同步转移轨道。"H-2"是一种两级液氢液氧燃料火箭,全长 50 米,直径 4 米,总重 260 吨,可把约 9 吨的有效载荷送上近地轨道,把 2 吨的有效载荷送上地球同步轨道。"H-2"火箭是日本目前最大的运载火箭,它的投入使用,将使日本的运载火箭提高到一个新的水平。

(5)J系列火箭:"J系列"火箭,是在"H-2"火箭和"M-3S"火箭的基础上发展起来的三级固体燃料火箭,主要是用于发射小型卫星,能将约1吨重的有效载荷送入近地轨道。火箭全长33.1米,直径1.8米。

(六)人造地球卫星

人造地球卫星系指环绕地球运行(至少一圈)的无人航天器,简称人造卫星或卫星。按用途分类,人造卫星可分为科学卫星、技术试验卫星、应用卫星三大类。

1.空间物理探测卫星

空间物理探测卫星是对空间物理现象和过程进行探测研究的人造卫星。空间物理探测卫星在距离地面数百千米或更高的轨道上长期运行,卫星携带的探测仪器不受大气层的影响,可直接对空间环境进行探测,已成为当今空间物理探测的重要手段。空间物理探测卫星的出现,极大推动了空间物理探测的发展,形成了一门新的分支科学——空间物理学。早期的空间物理探测卫星比较简单,往往进行单项或有限几项空间物理探测;后来探测区域逐步扩大,从单个卫星孤立探测,发展到多个卫星联合探测。

2.天文卫星

天文卫星是对宇宙天体和其他空间物质进行观测研究的人造卫星。天文卫星在距离地面数百千米或更高的轨道上观测宇宙天体,不受地球大气层的影响,可以接收到宇宙天体辐射的各种波段的电磁波。天文卫星的出现极大推动了天文学的发展,并且形成了一门新的分支学科——空间天文学。

3.微重力科学实验卫星

微重力科学实验卫星,是对各种物质(有生命的或无生命的)在空间微重力条件下的行为和特征等进行实验研究的人造卫星。利用一种微重力科学实验卫星可以进行多种科学实验,而专门用于空间生命科学实验的卫星又称为生物卫星。

空间材料科学实验主要是对各种半导体材料、合金材料、复合材料以及超导材料,在空间微重力条件下熔化、凝固、结晶等的性能进行实验研究,以期得到优质或新型材料。空间生命科学实验主要是对各种生物(如植物种子、细菌、微生物和哺乳动物等)在空间环境(包括微重力、空间辐射等环境)条件下的效应进行实验研究。空间基本物理化学实验主要用于研究在空间微重力条件下的基本物理、化学现象,如流体力学、传热和燃烧等。各种空间微重力科学实验的发展,开拓了一门新科学——空间微重力科学,并且为在空间站上的科学实验以及未来空间生产提供了重要基础。

4.技术试验卫星

技术试验卫星是用于空间技术和空间应用技术的原理性或工程性试验的人造卫星。空间技术中的新原理、新技术、新方案、新仪器设备和新材料往往需要在轨道上进行试验,试验成功后才能投入使用。特别是对一些关键新技术和新仪器设备进行必要的飞行演示和试验,是卫星和其他航天器研制工作降低采用新技术和新产品风险的一个重要手段。技术试验卫星就是专门用于这些试验的人造卫星,其他各类卫星也可以搭载进行一些有关试验。技术试验卫星数量较少,但试验内容广泛,如电火箭试验、交会对接试验、新型遥感器的飞行试验、生命保障系统试验、返回系统的验证试验等。

5.应用卫星

应用卫星是直接为国民经济、军事活动和文化教育服务的人造卫星。在各类人造卫星中,应用卫星发射数量最多,种类也最多。各种应用卫星按其工作基本特性,大致可分为对地观测类、无线电中继类和导航定位基准类。应用卫星按其是否专门用于军事,可分为民用卫星和军用卫星,也有许多应用卫星是军民两用的。应用卫星按用途,可分为通信卫星、气象卫星、侦察卫星、地球资源卫星、海洋卫星、导航卫星、测地卫星、截击卫星和多用途卫星等。

6.通信卫星

通信卫星是用于中继无线电通信信息的人造卫星,通过转发(早期也有反射)无线电通信信号,实现地面诸地球站之间或地球站与航天器之间的通信。一颗静止轨道通信卫星大约能够覆盖地球表面的40%,在覆盖区内的任何地面、海上和空中的地球站能同时实现相互通信。在赤道上空等间隔分布的3颗静止轨道通信卫星,可以实现除地球两极部分地区外的全球通信。通信卫星的出现使通信技术发生了重大变化,并且促进形成了一门新的通信技术——卫星通信。卫星通信具有通信距离远、容量大、质量高和灵活机动等优点,已成为现代通信的重要手段。通信卫星按用途不同,可分为固定业务通信卫星、移动业务通信卫星、直播卫星、跟踪与数据中继卫星;也可分为民用通信卫星和军用通信卫星,军用通信卫星又可分为战略通信卫星和战术通信卫星两类,各种通信卫星仍将保持快速发展的态势。

7.气象卫星

气象卫星是用于气象观测的人造卫星。这类卫星携带各种气象遥感器,能够接受和测量地球及其大气层的可见光、红外与微波辐射,并将这些信息发送给地面。地面应用系统将这些信息进行一系列处理和分析,可获得各种气象资料。气象卫星的出现使气象观测技术发生了重大变化,并且形成了一门新的气象观测技术——卫星气象(技术)。气象卫星观测地域广阔、观测时间长、观测时效快、不受自然条件限制,因而大大提高了气象预报的水平,特别是对灾害性天气的监视和预报具有重要作用。气象卫星已成为现代气象观测不可缺少的重要工具,具有显著的社会效益。气象卫星按轨道高度,一般分为极轨气象卫星(也称太阳同步轨道气象卫星)和地球静止轨道气象卫星(简称静止气象卫星)。

8.地球资源卫星

地球资源卫星是用于勘测和研究地球资源(如农林、土地、海岸、水文和矿产等资源)的人造卫星,简称资源卫星。这类卫星利用星载遥感器,获取地物目标辐射和发射的多种波段的电磁波信息,并将这些信息发送给地面。地面应用系统根据已掌握的各类物质的波谱特性,对这些信息进行处理和判读,从而得到各类资源的特征、分布和状态等资料。地球资源卫星的出现使地球资源观测技术发生了重大变化,并形成了一门新的地球资源观测技术——卫星资源遥感(技术)。卫星资源遥感能够迅速、全面、经济地获取各种地球资源的情况,对资源开发利用和国民经济建设具有重要的作用。地球资源卫星在国土普查、地质勘测、作物估产、森林调查、灾害监测、环境保护、城市规划和地图测绘等方面发挥着重要作用。

9.海洋卫星

海洋卫星又称海洋观测卫星,是专门用于观测和研究海洋的人造卫星。虽然利用气象卫星、地球资源卫星也可以获得一些有关海洋现象的信息,但是由于海洋现象和变化的特殊性,对其观测和研究需要专门的海洋卫星。

这类卫星携带海洋遥感器(主要是红外和微波遥感器),能够接受海洋辐射和反射的电磁波信息,并将这些信息发送给地面,经处理可以获取反映海洋现象和变化的各种重要信息。海洋卫星的出现使海洋观测技术发生了重大变革,并且形成了一门新的海洋观测技术——卫星海洋遥感(技术)。卫星海洋遥感具有快速、连续、大范围和可同时观测多个参数等特点,对全球海洋环境和海洋资源的观测与研究发挥了重要作用。海洋卫星已成为现代海洋观测不可缺少的重要工具。海洋卫星一般分为海洋水色卫星、海洋地形卫星和海洋动力环境卫星。

10. 导航卫星

导航卫星是用于导航定位的人造卫星。这类卫星装有专用的无线电导航设备,直接向地面、海洋、空中和空间用户提供精确的位置、速度和时间等导航定位信息。用户接收卫星发来的导航定位信息,通过时间测距或多普勒测速,分别获得用户相对于卫星的距离或距离变化率等导航参数;根据卫星发送的时间、轨道参数等,可定出用户的地理位置坐标(二维或三维坐标)和速度矢量,以实现导航定位。一般由多颗卫星组成导航卫星网(也称导航卫星星座),可提高全球和近地空间的立体覆盖能力。导航卫星的出现使导航定位技术发生了重大变化,并且形成了一门新的导航定位技术——卫星导航定位。卫星导航定位具有精度高、全天候、覆盖全球和用户设备简便等优点,在军用和民用许多部门均有重要的作用。卫星导航定位,广泛用于船舶导航、交通管理、飞机导航、大地测量、搜索营救、精确授时、武器制导等领域。导航卫星按导航方法,分为多普勒测速导航卫星和时间测距导航卫星;按用户是否需要向卫星发射信号,分为主动式导航卫星和被动式导航卫星;按轨道高度,可分为低轨道、中高轨道和地球静止轨道导航卫星等。

导航预警卫星是用于发现、识别和跟踪战略导弹发射和主动段飞行,提供早期预警信息的侦察卫星。卫星装有高灵敏度的红外探测器和带望远镜头的电视摄像机。由几颗卫星组成的预警网,可以及时发现和跟踪敌方导弹发射的有关信息,实现导弹早期预警。

11. 侦察卫星

侦察卫星是用于获取军事情报的人造卫星。这类卫星利用光电传感器或无线电接收机等侦察设备,从轨道上对目标实施侦察、监视或跟踪,以搜

集地面、海洋或空中目标的情报。侦察卫星搜集到的目标辐射、反射或发射出来的电磁波信号,用胶卷、磁带等记录存储于返回舱内,返回地面回收;或者用无线电传输方法实时或延时传送到地面接收站。地面收到胶卷、磁带和大量无线电信息,经光学、电子设备和计算机等处理加工,从中提取各种有价值的情报。侦察卫星的出现使军事侦察技术发生了重大变革,并且形成了一门新的军事侦察技术——卫星侦察。卫星侦察的优点是侦察面积大、范围广、速度快、直观效果好,可定期或连续监视特定地区,不受国界和地理条件限制,能取得其他手段难以获得的情报,对于军事、政治、经济和外交等均有重要作用。侦察卫星发展迅速,是发射数量最多的一类卫星。侦察卫星已成为各大国获取情报的最有效工具,成为现代作战指挥系统和战略武器系统的重要组成部分,国际之间军备核查的重要手段。根据侦察任务和侦察设备的不同,侦察卫星一般分为照相侦察卫星、电子侦察卫星、海洋监视卫星和预警卫星等,照相侦察卫星又称为成像侦察卫星。

(1)照相侦察卫星:主要是通过光学、电子或光电系统,获取图像信息的侦察卫星。卫星装有可见光遥感器(如可见光照相机、电视摄像机),从轨道上对目标区拍照,然后把所获得的图像信息记录在胶片或磁记录器上,通过回收送回地面或用无线电传输方式实时或延时送回地面,信息经加工处理和判读识别,从中获取各种军事情报。为了发现和识别目标,提高分辨率,这类卫星均运行在低轨道。若在卫星上装备成像雷达,则可具有全天候侦察的能力。按侦察信息送回地面的方式,照相侦察卫星分为返回型照相侦察卫星和传输型照相侦察卫星;按侦察用途,照相侦察卫星分为普查型照相侦察卫星和详查型照相侦察卫星。

(2)电子侦察卫星:用于获取对方雷达和电信设施发射的信号,并测定其地理位置或获取其信号内容的侦察卫星。卫星装有收集和监听无线电信号的电子设备,专门截获窃听对方军事活动发出的各种无线电信号,信号经预处理后发送到地面接收台站,信息经分析处理可提供有关军事情报。按侦察对象不同,电子侦察卫星分为雷达电子侦察卫星和通信电子侦察卫星;按侦察用途,电子侦察卫星分为普查型电子侦察卫星和详查型电子侦察卫星。

(3)海洋监视卫星:用于探测和监视舰船、潜艇活动,获取对方舰载雷达和无线电信号的侦察卫星。卫星装有专用电子侦察设备,如侧视雷达、测距雷达、无线电接收机和红外探测器等,全天候地监视海面和对方舰船、潜艇目标,将获取的信息发回地面。由于所覆盖的海域广阔,探测对象又是移动的多目标,因此一般采用多颗卫星组网的侦察体制,以实现连续监视,提高探测概率和定位精度。按侦察手段不同,海洋监视卫星分为电子侦察型(被动式)海洋监视卫星和雷达型(主动式)海洋监视卫星。

12. 小型卫星

20 世纪 90 年代以来,出现了不同于以往小卫星概念的新型小卫星。现代小卫星采用新的设计思想,打破传统大卫星的分系统界线,强调功能集成、系统集成和充分发挥软件功能,并且广泛采用现代微电子技术、微机械技术和纳米技术等高新技术。它具有高新技术含量高、功能密集度高、成本低、性能好、研制周期短、质量小、体积小等优点,可实现批量生产,具有广阔的应用前景。现代小卫星的大小界定和分类尚不统一,一般认为 1 吨以下的卫星属于小卫星;小于 500 千克的卫星,统称微小卫星。通常由多颗小卫星或几十颗小卫星组成卫星星座,有的组成编队飞行星座,以分布方式构成一颗"虚拟卫星",大大扩展了功能,不断拓宽应用领域。现代小卫星已广泛应用于空间探测、新技术试验、通信、气象观测等方面。小型卫星的未来发展相对其他卫星更具有开拓性、探索性,应用领域更加广泛。

13. 返回式卫星

返回式卫星是在轨道上完成任务后,有部分舱段再入地球稠密大气层并安全返回地面的卫星。卫星部分舱段安全返回地面,要经历离轨、过渡、再入和着陆 4 个阶段。这类卫星的共同特点是,全部或部分有效载荷必须安全返回地面,任务才算全面完成。返回式卫星返回的技术特点是,返回舱(回收舱)的防热结构能经受几千度的高温而不烧毁,同时也能使舱内温度达到有效载荷所允许的温度范围;卫星返回舱在高空利用大气阻力实施第一次高空减速后,返回舱在 20 多千米高度时基本达到平衡速度。该速度大于 220 米/秒,按此速度着陆有效载荷会全部损坏,因此,必须在低空第二次减速,使着陆速度达到安全着陆速度,实现软着陆,使有效载荷完好无损。

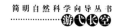
(七)世界主要卫星发射场

1.中国卫星发射场

我国是继前苏联、美国、法国和日本之后的第5个具有独立发射航天器能力的国家,1985年进入国际商业卫星发射服务市场,用"长征"系列运载火箭承揽外星发射任务。目前,我国已有酒泉、西昌、太原3个卫星发射中心,西昌卫星发射中心在国际上最为著名。

2.美国肯尼迪航天中心

肯尼迪航天中心位于美国东南方佛罗里达州东海岸的梅里特岛上,南与卡纳维拉尔角的空军东靶场毗邻,占地面积560多平方千米,中心坐标为北纬 $28°30'$、西经 $80°42'$,濒临大西洋。主要发射轨道倾角在 $28.5°\sim57°$ 的各种航天器,是美国本土最靠近赤道的地方。

该航天中心始建于1962年7月(1947年便开辟成火箭试验发射场),是美国最大的载人航天器和各种民用航天器的发射基地。第一艘"阿波罗号"登月飞船,就是于1969年7月16日从这里用土星5号运载火箭发射的。

3.俄罗斯拜科努尔发射中心

拜科努尔发射中心是前苏联(俄罗斯)三大发射场之一,位于哈萨克斯坦境内的锡尔河畔,坐标为北纬 $46°$、东经 $63°20'$。

该发射中心始建于1955年初,世界上第一颗人造地球卫星、第一艘载人飞船、第一位女航天员和第一个对月球背面摄影的探测器,都是从这里发射的。无论从发射场规模,还是从发射导弹和航天器的数量来讲,该发射中心不仅是俄罗斯最大的发射基地,也是世界上最大的发射基地。

4.欧洲库鲁航天发射中心

库鲁发射中心是欧洲空间局的航天港,位于南美洲东北海岸的法属圭亚那境内,坐标为北纬 $5°14'$、西经 $52°46'$,北邻大西洋海岸,位于库鲁地区,故称库鲁航天发射中心,又称圭亚那航天中心,隶属法国国家航天中心。1966年动土兴建,1968年4月启用。该中心自然条件较好,离赤道线极近,有利于火箭的发射。该地区处于非地震区,气象条件优越,是典型的热带气候区。气温变化在 $19\sim35℃$,年平均气温为 $27℃$,晴天较多,经常刮东北风,但风力不大,也无飓风侵袭。

库鲁航天中心的主要设施沿着大西洋海岸线分布,包括技术中心、探空火箭发射区、钻石运载火箭发射区和阿里亚娜运载火箭发射区。

(八)宇宙飞船

1.载人航天工程的意义

根据美国、俄罗斯等国近 40 年载人航天的实践证明,任何自动化系统都无法代替人的作用。人的眼、耳、鼻、脑、手对飞船内外各种信息的收集、分析、判断和处理,具有很高的灵活性和随机应变能力。人和自动化系统结合后,能发挥更大的效能。人机组合是载人航天军事应用和开发空间资源的有效模式。

(1)人上天可以直接操作空间科学实验的设备,观察现象、探索规律。俄罗斯航天员索洛维约夫和巴兰金在 1990 年 5 月 31 日发射升空的和平号空间站的"晶体号"工艺舱内,完成了制取半导体材料、培养蛋白质晶体、进行细胞杂交等实验。美国航天员杰克等在哥伦比亚号航天飞机观察 24 只蜜蜂、飞蛾、家蝇在失重情况下的活动,观察松树苗、燕麦、绿豆、向日葵等植物在失重条件下的发芽生长状况,获得了满意的数据和结果。美国在航天飞机上培育了艾滋病毒逆转录酶结晶,可用于研制有效的抗艾滋病药物。在空间微重力条件下制得抗流感制剂的纯度比地球上高 100 倍。

(2)人上天可进一步探索太空秘密。范·艾伦等航天员利用安装在"探测者 1"和"探测者 2"上的空间探测器,首次发现了在外层空间存在着一个充满了高能电子和质子的区域,就是辐射带。辐射带中的电子和质子会使航天器材料、元器件性能下降,对人体也会造成损伤,是航天器设计应考虑的重要因素。航天员发现了在全世界震动较大的臭氧层空洞,而在相同位置的无人卫星也得到了同样的数据。

(3)修理卫星、处理意外故障,主要靠航天员的随机应变。1984 年 4 月挑战者号航天飞机上的航天员修理好了一颗运行不到 1 年,因飞行姿态控制装置烧坏而失灵的太阳峰年探测卫星。同年 11 月发现号航天飞机上的航天员在太空回收了两颗在无用轨道上运行的通信卫星。

美国阿波罗—11 在登月舱按自动制导仪的指示准备登上月面时,航天员发现预定着陆点有一个大深坑,两名航天员采取紧急措施在距月面只有

60米高度时,操纵登月舱避开大坑,并安全降落。有一次美国空间实验室外表面铝制保护层被撕掉,工作舱外壳直接受太阳光照射,舱内温度升到49～88℃,航天员无法工作。这时航天员出舱,撑起一把太阳伞,使舱内温度降到27℃。

1985年6月6日,前苏联"联盟-T3"载人飞船与"礼炮-7"空间站对接时,由于自动对接装置出现故障,最后由航天员手动操作实现了对接。

(4)航天员在空间可直接进行军用、民用对地观察,作战指挥和协调。人眼本身就是极为有效的聚焦和亮度调节系统,在空间能看清很远的比闪光还要弱的激光束,观察能力优于光学、机械系统。在海湾战争中卫星侦察由于拍照目标不能选择,大量图像、数据传回地面,无法及时处理、准确判断。美国国防部于1991年11月派两名侦察专家到航天飞机阿特兰蒂斯号上,实时观察并传送地球上军事目标,效果良好。美国在航天飞机上曾用高分辨相机,由航天员有选择地拍摄了大量的空导弹基地照片,监视军事演习及舰艇活动规律。只有在人参与下,航天飞机上的观察仪器、遥感设备才能得到很好的校正和调整,发挥更理想的效果。

与自动化系统相比,人有很强的灵活性和随机应变能力,航天员在航天事业的发展中是不可缺少的。但是,我们也要看到人对信息的感知、在微重力下的工作能力和太空生活的时间等方面是有限制的。今后载人航天事业的发展,必然是人机的高度结合,充分发挥航天员的心理认知、操作技能和反应能力,使机器适应于人的特性,从而更好地开拓人类生存的第四疆域。

2.发射飞船的火箭

人们通常把能将卫星、飞船、空间探测器等航天器送入太空的火箭称为运载火箭。据统计,美国、俄罗斯、中国、印度、日本和巴西等国家及欧洲空间局先后研制生产了各种运载火箭,有23个系列、208个型号,但是能把载人飞船送入太空的运载火箭为数甚少。我国是除了美国和俄罗斯之外,世界上第三个拥有这种运载火箭的国家。这是一种比发射近地轨道卫星所用运载火箭要求更高、功能更多、推力更大的一种新型运载火箭。

(1)必须是大推力火箭。现代载人飞船质量轻的有5吨多,重的近10吨,把这么重的飞船送入距地球200～500千米的太空,运载火箭没有足够大的推力是办不到的。把飞船送入太空以后,飞船同时要具有每秒 7.9 千米的飞行速度,即第一宇宙速度。用一级火箭发射飞船只能达到每秒 6 千米的飞行速度,因此要用两级火箭发射才行,就是说要把载人飞船送入太空近地轨道,运载火箭首先必须是两级大推力火箭。

(2)具有应急救生功能。由于载人航天的特殊性和工程的极端复杂性,飞船从起飞到返回的各个阶段都存在危险因素。飞船在发射段和上升段的最大危险来自运载火箭,为确保航天员的生命安全,发射载人飞船用运载火箭必须特设应急救生系统。应急救生系统包括救生装置和故障检测系统。应急救生装置安装在火箭的顶端,看上去像一座塔,所以称救生塔或逃逸塔。救生塔由塔架及逃逸发动机等组成。故障检测系统由各种敏感元件、计算机及控制器等组成,该系统实时监测火箭各系统的工作状况,探测可能出现的故障,并对故障性质及其危害程度做出判断。当运载火箭发生危及航天员生命安全的故障时,如火箭爆炸、起飞后控制系统发生故障、火箭偏离预定轨道等,故障检测系统能自动发出指令,使飞船与火箭解锁,逃逸发动机点火,逃逸塔随即将飞船拉离火箭,脱离危险区。待到达安全位置后,飞船载有航天员的返回舱借助降落伞和缓冲装置安全降落。

(3)火箭必须达到"三高",即高可靠、高安全、高质量。运载火箭的可靠性是指在规定条件下、规定时间内,完成规定任务的能力。发射卫星的运载火箭可靠性达到 90% 以上就可以使用,而发射载人飞船用的运载火箭可靠性则要达到 97% 或更高。这就要求火箭的发动机、控制等各系统的可靠性要很高。为此,在设计中采用冗余技术,即在关键的系统和部位旁边留有备份。例如,我国长征二号 F 采用两套同时处于工作状态的控制系统,当其中一套出了故障,另一套随时可以接替工作,使系统始终保持正常运行。为保证航天员的绝对安全,运载火箭的安全性要达到比可靠性更高的指标。为保证火箭的高质量,在管理上要采用高的试验标准和极严格的质量保证措施,对成千上万个元器件要逐一进行质量筛选,对各系统要进行大量的地面试验等。

我国长征二号 F 火箭,是以长征二号捆绑火箭为基本型,专为发射载人飞船而研制的两级大推力运载火箭。火箭全长 58.34 米,起飞质量 479.7 吨,可以将 7.8 吨重的载人飞船送入太空预定轨道,已成功地发射了 6 艘"神

舟"飞船。

3.航天员系统

载人航天工程,包括航天员系统、载人飞船系统、运载火箭系统、飞船应用系统、测控通信系统、发射场系统和着陆场系统。

载人航天首先是要有航天员及其上天飞行的保障设施,这是一个以航天员为中心的医学和工程相结合的复杂系统。它涉及航天生命科学和航天医学等领域,包括航天员的选拔训练、航天员的医学监督保障、航天员的营养食品、航天员飞行训练模拟等分系统。

航天员训练中心有各种先进的训练设施,如电动转椅、电动秋千、冲击塔、离心机、低压舱等。航天员从空军飞行员中选拔,要经过 3 个阶段的训练:第一阶段是基础训练,学习航天理论、航天医学及飞船设备检测的知识;第二阶段是专业技能训练,熟悉飞船结构和组成系统,掌握各个部件的原理和工作情况;第三阶段是任务训练,按照飞行程序模拟操作技术,掌握从进入飞船到发射升空、在轨运行和返回着陆操作的全过程。在整个训练过程中,贯穿着体能训练和特殊环境耐力训练,提高航天员在各种地形和气象条件下的救生技能和本领。

(1)航天员的选拔:航天员的选拔是通过一系列检查和测试,挑选身心健康、智能合格,对航天特殊因素具有足够耐力的,能执行载人航天任务的人员的全部过程。航天员选拔一般分为预备航天员选拔,是飞行员或其他职业者成为航天员的过渡时期,录取率在 1% 左右;训练期间的航天员选拔,是预备航天员成为正式航天员的必由之路,淘汰率为 40%～50%。航天员选拔,包括基本资格审定(学历、资历、基本身体素质和人体测量学要求),临床医学选拔(临床各科检查),生理机能选拔(包括心血管、呼吸、中枢神经系统、视觉和听觉功能检查等),心理功能选拔,航天特殊环境因素耐力和适应性选拔。航天员选拔的实施,一般分为预选、初选、复选、定选和训练期间选拔 5 个阶段。

(2)航天员的训练:根据航天操作特点和航天任务,利用相应的教材、教具、模拟器和训练器等把预备航天员培训为正式航天员的过程。训练的目的在于提高航天员的体力、智力、生理功能及工程技术等方面的综合能力;增强体质,提高机体对航天特殊因素的耐力和适应能力;获得航天时必须具备的专业知识和特殊技能,学会驾驶航天器等。训练内容包括一般性训练和特殊飞行训练。一般性训练主要包括航天基础知识训练,航天环境因素耐力与适应性训练,航天飞行操作技能训练,身体素质和心理训练,航天医学及其技能与保障训练,失重飞行和救生训练等。特殊飞行任务训练,是根据航天员执行飞行任务的特点而进行的训练,是特定任务的飞行技能和程序训练。训练的主要项目有飞行程序训练,发射训练,交会对接及出舱活动训练,有效载荷训练及全过程综合训练等。

(3)航天员营养:航天员营养是指专门研究在特殊的太空飞行环境下的航天员营养代谢平衡状况,制定并实施相应的航天员营养素供给量标准,制定航天员饮食制度及食谱计划,并指导航天食品的研制加工,保证航天员营养水平的工作。营养素主要包括蛋白质(含氨基酸)、脂肪(含类脂质)、碳水化合物、维生素、矿物盐、微量元素、食物纤维和水,还包括有效改善或对抗航天环境因素对机体不良影响的特殊营养物质(从食物或中草药提取的特殊功能的营养成分——"生物奇素")。目前,根据航天和地面模拟的人体营养代谢实验结果,发展载人航天的国家都制定有各自的航天员营养素供给量标准。航天员饮食制度是根据飞行任务、飞行时间、个人习惯而制定的每日进餐次数、餐—餐间隔时间以及每餐热能供给量的规定,合理的饮食制度是航天员健康和工作效率的重要保障。食谱计划是根据航天员营养素供给量标准及饮食制度,制定的每餐膳食品种的计划表。在不违反原则的前提下,食谱计划应满足航天员的个人饮食习惯和爱好。航天食品的研制加工,是在上述原则和规定的指导下进行的。

(4)航天运动病:航天运动病又称空间运动病。航天中由于失重等因素引起的类似运动病的反应,为航天适应综合征的表现之一。其本质上不是病症,而是一种前庭自主神经反应,主要表现为眩晕、胃部不适、恶心、呕吐,苍白、出冷汗较少见;呕吐常为特发性,有轻微或无恶心症状。在持续失重15分钟至1~2小时后即可出现运动病症状,2~4天后逐渐消失。航天运动病的发生机理比较复杂,目前主要有以下3种假说:

①感觉冲突假说。前庭信息与视觉、本体感觉信息密切协同,在中枢整合成记忆储存模型。航天员失重时,由于这些信息发生改变,互相冲突失匹配,引起运动病。

②耳石不对称假说。两侧耳石重量不等，人长期生活在地球引力下，这种两侧不对称信息经过中枢整合产生适应。一旦进入失重状态，两侧耳石重量均消失，反而使中枢不能适应，产生航天运动病症状。这其实是感觉冲突假说的补充。

③血液再分配假说。航天员失重时血液向头转移，迷路内淋巴管周围的血管充血，使内淋巴的动力学发生改变，进而影响前庭功能。

4.载人飞船系统

载人飞船系统是载人航天的核心部分，为航天员和有效载荷提供必要的生活和工作条件，保证航天员进行有效的空间实验和出舱活动，并安全返回地面。

"神舟"号载人飞船系统，包括载人飞船及船内13个分系统。载人飞船由轨道舱、返回舱、推进舱和附加段组成。轨道舱位于前部，密封结构，呈两端带锥角的圆柱形，装有飞船工作所需的设备和有效载荷，是航天员在太空开展工作的场所；返回舱位于中部，密封结构，呈钟形，是航天员上升和返回时乘坐的舱段；推进舱位于后部，是非密封结构，呈后面带锥角的圆柱形，安装飞船的动力装置。另外，还有两副太阳能电池板和其他一些设备。

在完成飞行任务后，"神舟"号载人飞船返航。轨道舱分离后与附加段一起留在轨道上运行，继续进行空间实验；推进舱则被抛弃并进入大气层烧毁；只有返回舱载着航天员和实验成果从太空归来。船内有13个分系统，由环境控制与生命保障等分系统组成。

载人飞船由运载火箭发射进入宇宙空间，有人驾驶和乘坐并进行载人航天活动后返回地面的无翼载人航天器，一般不能重复使用。主要用于近地轨道飞行试验（包括载人航天技术试验和各种科学实验）、对地观测、勘探和军事侦察，向空间站运送人员和货物，载人登月飞行以至星际飞行。自1961年前苏联和美国首次发射载人飞船以来，至2000年共发射百余艘，主要有前苏联（俄罗斯）的"东方号"、"上升号"、"联盟号"、"联盟"T和"联盟"TM飞船，美国的"水星号"、"双子星座"和"阿波罗"（登月）飞船。载人飞船一般由乘员舱（或称座舱、指令舱，也是返回舱）、轨道舱、服务舱和应急救生装置组成。主要包括结构系统，防热系统，制导、导航和控制系统，推进系统，环境控制和生命保障系统，测控、通信系统，返回着陆系统和救生系统。

载人飞船的关键技术主要有航天员安全救生、生命保障、飞行器可靠性要求与保障、返回着陆、控制、气动热力学和防热结构与材料。载人飞船技术的发展方向是研制可以重复使用的载人飞船和乘员返回飞行器，并探索可以多次重复使用的垂直起降、单级入轨飞船。

5.货运飞船

货运飞船是由运载火箭发射，往返于地面和空间站之间的运货航天器。它是飞行时间有限，仅能一次性使用的返回型无人航天器。有较大的货舱容积，可比载人飞船携带更多的仪器、设备、消耗性物品，从地面运往空间站，再从空间站把需要回收的实验样品等有效载荷带回地面。货运飞船具有较先进的自动控制系统，能与空间站实现自主交会对接。对接后由站上航天员搬运物资。货运飞船不像载人飞船可在轨道上执行有人参与的一些任务，只属于天地往返运输系统范畴，功能比较单一。国际上真正的货运飞船只有俄罗斯"进步号"等不多的型号。

6.载人飞船的用途

载人飞船虽然在太空飞行时间短、规模小，但有独特的用途。

（1）考察失重等特殊因素对人体的影响：人在失重时，感觉和运动都会发生变化，产生感觉和运动障碍。在失重状态下，人体有不断下坠的感觉，甚至恶心头晕，识别方向能力降低，肌肉动作不灵活等。载人飞船绕地球飞行并安全返回，可以研究人在空间飞行过程中的反应能力，研究人如何才能经受住飞船起飞、轨道飞行时以及返回大气层时重力变化的影响，研究人在太空环境中长期生存所必需的条件与设备。

（2）发展载人航天技术：载人飞船除了可以研究太空飞行对人的影响之外，还可用来进行各种航天技术的试验，发展载人航天技术。这些试验包括两艘飞船在空间轨道上的交会和对接，多艘飞船的编队飞行，航天员在空间轨道上走出座舱，在外层空间进行舱外作业的试验等。例如，美国利用双子星座号飞船完成空间交会对接试验以后，为第三代阿波罗号飞船登月飞行中完成一系列的轨道机动和交会对接奠定了基础，为飞往月球铺平了道路。

（3）天地往返运输器：载人飞船的重要用途是作为天地往返运输器，为空间站接送航天员。俄罗斯的礼炮号空间站及和平号空间站上的航天员，都由联盟号载人飞船接送。联盟号载人飞船每次可接送3名航天员。

载人飞船进行适当修改,撤去为航天员设计的有关系统,改成无人飞船以后,可以为空间站运送补给物资。进步号货运飞船就是由联盟号载人飞船改装而成的,每次飞行可为空间站送去 2 吨多货物。此外,载人飞船还可作为空间站的轨道救生船。航天员在空间站内长期工作,随时都可能出现危险,如外层空间微流星或人造天体碎片击穿压力舱舱壁,空间站控制失稳,航天员突然得病等。当出现上述各种危急情况时,航天员需要立即离开空间站,返回地面。为此,当空间站内有航天员工作时,至少有一艘载人飞船与空间站对接在一起,作为轨道救生船,准备着随时接航天员离开空间站,返回地面。

(4)空间微重力实验:在空间可以进行各种微重力实验,如在微重力下的太空熔炼、加工和制药实验等。在失重环境下,如果在熔化的钢水中加入氯气,氯气便能在钢水中均匀扩散,冷却后就能得到泡沫钢。用同样的方法也能得到泡沫铝、泡沫玻璃等新型材料。泡沫材料重量轻、强度大,是一种具有特殊用途的材料。砷化镓是目前用途最广泛的半导体材料,又是制造集成电路最理想的材料,在地面上只能做成很小的砷化镓晶体,而在太空中就可能生产出大体积、高纯度的砷化镓材料。1982 年俄罗斯航天员在太空成功生产了流感疫苗。据测算,在太空生产药物 1 个月的产量相当于地球上同样设备 20 年的产量。我国在微重力环境下进行的农作物育种实验,取得了很好的效果,为农作物增产开辟了一个新的途径。

除以上四方面的用途之外,载人飞船还可以用来进行天文观测、军事侦察及监视活动。

7. 现代载人飞船与早期飞船的区别

现代载人飞船指现代卫星式载人飞船,俄罗斯联盟 TM 号载人飞船和我国的神舟号载人试验飞船,都是现代载人飞船。现代载人飞船与早期的载人飞船相比,有以下区别:

(1)早期的载人飞船的船体基本上是单舱或双舱式结构,而现代载人飞船的船体基本上是三舱式结构,即由返回舱、轨道舱和设备舱(推进舱)3 个大的舱段组成。

(2)早期载人飞船返回舱是弹道式返回舱,如东方号飞船的返回舱是球形,返回舱返回穿过大气层时,只有阻力没有升力,或只有很小的升力,但无控制。这种返回舱就像炮弹一样,沿着很陡峭的路径落地,所以称弹道式返回舱。由于返回时没有控制,返回落点偏差较大。现代载人飞船的返回舱由于改进了结构和外形设计,返回穿过大气层时具有有限的升力,可以在一定程度上控制落点的范围,提高了着陆的准确性,是半弹道式或弹道—升力式返回舱。

(3)现代载人飞船具有较完善的交会对接系统,可以较好地完成与其他航天体(如飞船、空间站)的交会对接,以便接送人员、运送物资及对航天体设备进行维修等。

8.载人飞船的飞行过程

载人飞船从运载火箭发射升空,到完成全部飞行任务顺利返回,整个工作过程可分为发射、在轨运行和返回3个阶段。

(1)发射:发射阶段是运载火箭工作阶段,程序为起飞、一级分离、整流罩及救生塔分离、飞船与火箭分离。

(2)轨道运行:飞船与火箭分离后,进入轨道。飞船捕获地面控制信号,建立轨道运行状态,展开太阳能电池帆板并对准太阳。飞船入轨一段时间后,地面控制系统提供初始轨道数据,并通过地面测控站发送给飞船,指挥控制飞船按预定轨道绕地球飞行。飞船绕地球飞行完成规定任务后返回。

(3)返回:在返回前由地面测控站发出飞船姿态调整指令,轨道舱与返回舱分离,进入返回制动状态,飞船自动进入返回轨道。返回舱降至离地球表面140千米高度时,推进舱与返回舱分离。在降至100千米时,返回舱进行进入大气层前的姿态调整。约到80千米高度时,返回舱进入稠密大气层,进入黑障区,通信中断。40千米高度时,出黑障区,通信恢复。10千米高度时打开返回舱抛伞舱盖,拉出引导伞、减速伞。减速伞分离,拉出主伞。抛掉返回舱防热大底。当下降至离地面2米左右时,着陆缓冲发动机工作,返回舱着陆,随即切断主伞,抛掉天线盖,弹出回收信标天线,发射信标信号。

9.黑障区

载人飞船返回舱在降至80千米高度时,进入稠密大气层,进入黑障区。所谓黑障区,指的是飞船在高速飞行时,与大气层产生剧烈摩擦,成为闪光的火球,同时在返回舱体表面产生等离子层,形成电磁屏蔽。这时飞船的外表温度将达到2 000℃,通信中断。40千米高度时,出黑障区,通信恢复。通常将 40 千米高度飞行、产生等离子体、通信中断的时区,称为飞船返回时的黑障区。

10.载人飞船的运行轨道

载人飞船有固有运行轨道,是它绕地球飞行的路线。这是一条特殊的路线,由载人飞船入轨初始条件决定的,如入轨速度(一般在每秒 8 千米左右)、运载火箭的发射方位等。入轨初始条件确定后,如果没有外力的作用,载人飞船一般将沿这条路线永远运动下去。人们把这条特殊路线称为载人飞船绕地球的运行轨道。

载人飞船等航天器绕地球运行,有顺行轨道、逆行轨道、极轨道和赤道轨道。载人飞船的运行方向与地球自转方向相同的叫顺行轨道,载人飞船的运行方向与地球自转方向相反的叫逆行轨道,轨道平面与地球赤道平面垂直的叫极轨道,轨道平面与地球赤道平面之间的夹角为零度的叫赤道轨道。载人飞船主要采用顺行轨道。

11.载人飞船的返回与着陆

(1)离轨:在轨道上运行的飞船受到与飞行方向相反的作用力,使飞行速度降低,脱离原运行轨道的阶段,称为离轨。

(2)调姿:飞船离轨前先由飞船姿态控制系统,按返回要求调整飞船的姿态,然后在飞船制导系统和地面测控站的支持下,使轨道舱与返回舱分离。

(3)制动离轨:启动制动火箭或制动发动机,产生一个制动速度,改变返回舱速度的大小和方向,使飞船脱离原来的运行轨道,进入返回轨道。制动火箭的点火时间要控制得十分精确,相差 1 秒,点火位置就相差 8 千米左右。再入角的大小,主要由返回舱在离轨点的位置和速度等因素决定。制动发动机的点火时间,一般由地面测控站来控制。制动发动机产生制动速度需要一定的时间,在实际工作中,考虑到制动发动机工作时间相对较短,一般把离轨点当作制动离轨点。

(4)滑行:飞船制动结束,即脱离原来运行轨道而进入返回轨道的滑行阶段。滑行阶段又称过渡阶段,是从制动结束到再入大气层前的工作阶段。此时飞行高度大于 100 千米,没有空气阻力,返回舱只受地球引力的作用,处于无动力的自由下降状态。在滑行阶段要完成设备舱与返回舱分离,对返回舱进入大气层之前的姿态进行调整,建立再入姿态角。

（5）再入：返回舱运行高度降至 100 千米以后，返回舱就按一定的速度和再入角进入大气层，距离地面 20～10 千米处为再入阶段。返回舱进入稠密大气层后，承受严重的气动加热和再入过载，是返回过程中环境最为恶劣、受力情况最为复杂的阶段。随着高度的降低，空气密度越来越大，返回舱受到的阻力也越来越大。由于返回舱与空气的剧烈摩擦，使头部温度升高到 6 000～8 000℃，因此对返回舱必须采取特殊防热措施。

返回舱开始进入大气层的速度方向与当地水平面的夹角，即再入角的大小，直接影响到返回舱能否正常返回回收。为此，再入角要精确控制，即在返回走廊限定的范围内。

（6）着陆：着陆是返回舱从打开降落伞到安全降落地面的阶段，这是返回的最后阶段。返回舱离地面约 15 千米时，随着高度的降低、速度的减小，返回舱所受到的气动阻力与地球引力渐趋平衡，返回舱以大约每秒 200 米的平衡速度下降，降落伞着陆系统开始工作。抛掉防热罩，打开引导伞，拉出减速伞，打开主伞；离地面 2 米左右时，利用着陆缓冲装置反推火箭，使返回舱实现软着陆。

我国第一艘神舟号载人试验飞船，于 1999 年 11 月 23 日成功地返回地面，在内蒙古中部预定地点着陆，飞船完好无损。

12.空间交会对接

空间交会对接是空间交会和空间对接的总称。空间交会是指两个或两个以上的航天器，在空间轨道上按预定位置和时间相会。对接是指两个航天器在空间轨道上相会后，在机械上连成一个整体。交会对接系统是由对接机构和控制系统组成的，基本功能是交会、对接和分离。主动前去对接的航天器，称受控航天器；被对接的航天器，称目标航天器。

载人飞船等航天器的交会对接，是一项重要的航天技术。由于实现了空间交会对接，从而推动了载人航天的不断发展。

（1）交会对接用于向正在空间轨道运行的航天器（包括载人飞船和空间站）运送人员和货物，如航天员定期轮换，补给燃料、食物及更换设备。

（2）在轨道上为其他应用卫星提供服务。

（3）用于组装大型空间站。当空间站或其他载人飞船出现危及航天员生命安全的事故时，用飞船实施营救。

（4）维修在轨道上出事故的航天器。

13.运载火箭系统

运载火箭系统是把载人飞船安全可靠送入预定轨道的运载工具,包括箭体结构、动力装置等10个分系统,特别是增加了载人所需的故障检测分系统和逃逸救生分系统。

最新研制的长征二号F是一种两级捆绑式火箭,由芯级和4个捆绑的助推器组成。火箭全长58.34米,起飞质量479吨,运载能力达到8吨,能把神舟号飞船送上200～450千米高的轨道。火箭顶端装有一个逃逸塔,一旦火箭出现重大危险,航天员可利用逃逸塔安全返回地面。

用运载火箭发射载人飞船比用其发射人造卫星,不仅要具有更大的运载能力,而且更要提高可靠性和安全性。长征二号F运载火箭采用了55项新技术,设计的可靠性指标由不载人火箭的0.91提高到0.97,航天员的安全性指标为0.997,达到了国际先进水平。

14.飞船应用系统

载人航天工程最终是为了应用,因此飞船应用系统是备受关注的部分。它利用载人飞船的空间实验支持能力,开展对地观测、环境监测、天文观测,进行生命科学、材料科学、流体科学等实验,安装有多项任务的上百种有效载荷和应用设备。

15.测控通信系统

当运载火箭发射和载人飞船上天飞行以及返回时,需要靠测控通信系统保持天地之间的经常性联系,完成飞船遥测参数和电视图像的接收处理,对飞船运行和轨道舱留轨工作的测控管理。这个测控通信系统由北京航天指挥控制中心、陆上地面测控站和海上远望号远洋航天测量船队组成,执行飞船轨道测量、遥控,火箭安全控制,航天员逃逸控制等任务。

北京航天指挥控制中心坐落在北京西北郊的航天城,集指挥通信、信息处理、监控显示、控制计算、飞行控制于一体,包括计算机系统、监控显示系统、通信系统和勤务保障系统,同各地的测控站和测量船组成一个反应快捷、运算精确、功能齐全的"天网"。

16.发射场系统

发射场系统由技术区、发射区、试验指挥区、首区测量区和航天员区组成,形成火箭、飞船、航天员从测试到发射,以及上升段、返回段测量的一套完整体系。神舟号飞船的发射场选在酒泉卫星发射中心。酒泉发射场系统采用了具有国际先进水平的垂直总装、垂直测试、垂直转运技术和远距离测试发射技术,使飞船的发射安全可靠性提高,在发射台占位时间更短、发射频率更高、待机发射周期更短。

(1)发射场的作用:发射航天器(卫星、宇宙飞船、洲际弹道导弹、航天飞机等)必须使用推力足够大的运载火箭才能完成。火箭的发射升空必须在发射场完成,这和飞机升降必须要有飞机场一样。火箭发射场的构造、设施以及所要完成的工作等,可比飞机场要复杂得多。如进行发射前的各种准备、火箭发动机等系统的单项试验,各种设备的检验和科技人员的培训等,故发射场也是科学实验中心。显然,它不同于飞机场的作用。

(2)发射场选址原则:火箭发射场最理想的位置是选在地球赤道附近,因为从赤道发射卫星可以充分利用地球自转所获得的最大初速。发射场离赤道越近,则初速越大;相反,如发射场偏离赤道越远(即纬度越高),则初速越低。火箭发射应选择合理的发射区、回收区、落区和禁区。

①自然条件良好。地势平坦、开阔便于合理安排场区布局,有利于降低建场的工程造价和发射时跟踪观察。地质结构稳定,避开地层断裂带和地震区,查明是否有可供开采的矿藏和其他自然资源。具有好的水质、供水条件和丰富的水源,以保证发射活动中大量用水的需要。具有较好的气象条件,即晴天多、雷雨少、气温变化小、风速和温度低。

②有良好的航区。良好的航区是指航天器起飞至入轨这一段的飞行路线下的地面区域。航区应尽量避开人口稠密区、重要的工业区和军事要地等,以防飞行失事或完成任务的运载工具坠落造成严重的生命财产损失。同时,航区应尽可能延伸,以满足各种发射任务的需要。

③能满足发射各类倾角航天器的射向要求。

④具有方便的交通运输条件。保证运载工具、航天器、推进剂,各种器材、设备和生活物资等的运输。

⑤具有良好的供电和通信条件。航天器在发射前要完成大量测试等准备工作,实施发射和发射后的跟踪测量、数据处理等也需要强大的电力和良好的通信条件。

⑥有利于环境保护。运载工具和航天器所用的推进剂及其废液处理,发射时的声震等,都会对周围地区造成污染。美、俄等国的发射场建在海边或沙漠、沼泽地区,环境污染问题容易得到解决。

⑦具有布设测控站的有利地理位置和工作环境。测控站是航天器发射后,对其进行测量控制的重要地面机构和设施,是航天发射场建设中的一个重要方面。不过,目前已可利用全球导航定位系统(GPS)卫星进行测控,这样将大大改变选场要求和建场规模。

⑧有良好的社会依托和未来发展的适应性。对于成千上万的发射场工作人员,搞好发射后勤和生活保障亦十分重要,故在建发射场前须对所在地经济状况进行调查。

综上所述,火箭发射场的选址受到多种因素的制约。世界上各方面条件都较为优越的发射场,应首推设在赤道上法属圭亚那的库鲁航天中心。目前,库鲁航天中心商业卫星发射承担业务量占世界发射总量的60%以上。

(3)发射场的组成:因为发射场的规模不同,所承担的发射任务不同,以及受客观场地条件的限制,各个发射场不可能有一个统一的最佳结构方案。然而综合考虑,所有火箭发射场(航天发射场)还是有共同组成部分的,这就是技术区、发射区、测控系统区、技术保障系统、生活区和后勤保障系统区等五部分。如果发射场还用于发射返回式卫星、载人飞船和航天飞机,则应建有回收区和着陆区,但回收区和着陆区可不隶属于发射场。

17.火箭的发射方式

从发射的空间地理位置来分,火箭发射可以分为陆上发射、海上发射、空中发射,这3种发射方式分别适用于不同的发射对象。

(1)陆上发射:主要是在各国选定的发射场上进行。陆上火箭发射场地址选定后,修建时间充足、设施齐全、面积广阔,又多远离居民区,故适用于大型运载火箭发射各种航天器(如宇宙飞船、航天飞机、各类实验卫星、军用远程洲际导弹等)。

陆上发射还有一种方式就是地下发射,将火箭从地下竖井中发射升高,这种发射方式主要用于保密形式的军用洲际导弹的发射。航天发射利用此种方式的较少。

(2)海上发射:海上发射与陆上发射相比,优点是机动、灵活,可以选择靠近赤道附近的海域地区进行发射,并且可利用废弃的海上石油平台作发射台。海上发射多用于卫星发射,目前大型的航天器还不适于在海上发射。因为每次发射前,都需要用大型舰船将火箭和被发射物运往发射平台处,并进行从指挥船到发射平台的转移,操作程序十分复杂。舰船的连接要求十分精确,这种技术难点在陆上发射是不会遇到的。

(3)空中发射:空中发射是不同于陆地发射和海洋发射的,一种节省费用和能源的新型发射方式,具有一系列优点,但要求其技术保证更加可靠。

空中发射的构思是,先将带有航天器的火箭用载荷量极大的飞机载入空中,然后在空中将火箭释放。当火箭远离飞机后再点燃火箭,进行空中发射。再经一级级火箭燃烧,最后将航天器送入太空,典型方案是美国的"飞马方案"。

该方案优点是发射费用低,只为地面发射费用的一半。这是由于把B-52飞机作为整个发射系统的第一级(飞机速度可使运载火箭的性能提高1%～2%)。空中发射时,发射高度上的气压低(为海平面的25%),这样运载火箭的喷管就易于设计,不必权衡考虑从海平面到接近真空的工作环境的变化。另外,在高空发射运载火箭时不仅结构和热应力低,而且动压也低,这对发射很有利。在有效载荷一定时,高空发射运载火箭所需要的速度可以降低10%～15%。如果按发射每千克有效载荷的价格计算,用"飞马方案"发射卫星的价格只相当于从地面发射的1/3。

此外,与大型运载火箭相比,空中发射运载火箭发射准备时间极短。6个技术人员可以在两周内把火箭组装起来。由于它可随着飞机到处飞,因此,火箭能随心所欲极灵活地选择发射区域,不受地理环境的限制。这些优越性能满足军事上灵活快速的发射要求,极有价值。

18. 发射窗口

发射窗口是指发射导弹或航天器时,事先总要选择几个较好的发射时段,即专家们常讲的发射窗口。发射窗口分为日计发射窗口、月计发射窗口和年计发射窗口。日计发射窗口,规定某天内从某一时刻到另一时刻可以发射。月计发射窗口,指规定某个月内连续某几天可以发射。年计发射窗口,即规定某年内允许连续发射的月份。无论哪种发射窗口,事先都要选择几个,供发射指挥员机动决策。

对于一般的人造地球卫星和导弹发射,通常只需选择月计和日计发射窗口即可;而对于发射星际探测器(如彗星探测器)、宇宙飞船、太空站和航天飞机等,则要同时选择年计、月计和日计发射窗口,但航天器最终发射时间总是由日计发射窗口确定的。

(1)发射窗口选择的依据:选择年计和月计发射窗口,主要是考虑星体与地球的运行规律,节省发射能量。选择日计发射窗口,考虑的因素就比较多,有航天器与运载火箭对发射环境条件的要求,测量控制系统中各种测控设备对发射时段的要求,通信、时间统一等技术服务系统,对最佳和最不利发射时段的制约,运载火箭的飞行航区对气象的要求,航天器入轨后必须最大限度地吸收太阳的能量等。

在选择发射窗口时,一般先由上述各部门分别提出希望和允许的发射时段。然后由发射部门进行综合分析,根据不同发射时段对实现发射目的的影响和程度,排出综合的最佳发射窗口、较好发射窗口和允许发射窗口。

(2)发射窗口选择的作用和意义:选择发射窗口是一个复杂系统的综合决策问题。某一次发射总有较主要的制约条件,在决定发射窗口时起决定性作用。发射窗口是由保证运载火箭发射成功所需技术要求决定的。从理论上讲,为确保发射顺利进行,应使参与发射的各项设备均处于最佳技术状态。由于参与发射的设备很多,实际上是很难做到这一点的。因此,通常都先确定发射控制系统、地面测控系统、通信与时间统一系统、气象保证系统等,然后由发射指挥中心汇总协调,确定几个预选方案,再由发射的指挥者最后拍板。

发射窗口选择时机的正确与否,直接关系到火箭和航天器发射是否成功,不可等闲视之。

19.着陆场系统

载人航天着陆场系统,包括主、副着陆场,陆上应急援救、海上应急搜救、通信测量、航天员医保等。

"神舟"号飞船的着陆场选在内蒙古中部广阔的草原地区,这里已建成完备的飞船着陆前后的测量通信、着陆后的搜索回收、航天员营救和返回舱内有效载荷处置的设施。此外,还在酒泉发射场以东建有副着陆场,在陆上和海上设有多个应急救生区。

"神舟"号飞船的着陆场系统已全面走向成熟,已经能够担负飞船返回舱返回轨道的跟踪测量、营救航天员,以及返回舱和有效载荷的回收任务。

20.载人航天器的救生

载人航天是航天事业中最令人激动、最令人向往的部分,然而太空飞行是带有风险的。火箭和飞船的结构十分复杂,零件多达几万个,一个零件不合格,就可能引起箭毁人亡。

在前苏联载人航天计划中,曾发生了许多事故,有的为人所熟知,有的被掩盖了很长时间。1961年3月23日,前苏联航天员邦达连科在为期10天的纯氧隔离舱试验快要结束时,把一个浸有酒精的药签扔到一个热球上引起火灾。他试图灭火,但没有控制住,舱外的科学家也来不及降低舱压,结果邦达连科被活活烧死。

1967年1月,美国阿波罗4A号飞船在做发射演练时,因为一星电火花使纯氧座舱起火,舱门不能迅速打开,3名航天员被烧死。

1967年4月,前苏联的联盟1号飞船返回时,因飞船旋转,降落伞主伞伞绳缠绕打不开,柯马洛夫被摔死。

1986年1月,由于"挑战者"号航天飞机右侧固体助推火箭一个密封圈失效而凌空爆炸,7名航天员遇难,爆炸时的情景通过电视传遍全世界,成为人类征服太空途中最浓重的阴影。这一悲剧也提醒我们,保证航天员的安全进入座舱到返回着陆,任何时候发生应急都要有相应措施,将航天员救回。

(1)发射台上的保障:在发射阶段有发射应急逃逸系统。如美国发射"水星"飞船的"大力神"火箭和发射"阿波罗"号登月飞船的"土星"5号火箭,前苏联发射"联盟"号飞船的联盟号火箭都有这种装置。在飞船脱离火箭前,如火箭发生事故,发射应急逃逸系统可迅速将载人的飞船拉离火箭,飞到安全地区降落。1983年9月28日,前苏联在拜科努尔发射场发射"联盟"T10号飞船,当发动机正在点火时,火箭上的故障传感器突然发出火箭底部起火的警报信号。这意味着装满液氧和煤油的火箭顷刻间将发生爆炸。这时发射应急逃逸系统立即工作,将载人飞船拉离火箭,火箭随即爆炸。约两分钟后,飞船安全降落在离发射台4千米的地方,航天员季托夫和斯特列卡洛夫安然无恙。

美国的航天飞机发射台上也设有紧急逃逸系统,那是7条滑索和7个吊篮,每个吊篮可乘3人。如竖立在发射台上的航天飞机发生意外事故,发射台上的21名人员可在两分钟内乘吊篮沿滑索逃离发射台进入地下掩体。

(2)火箭上升段的救生:从运载火箭竖立在发射台上到载人航天器进入轨道前,这一阶段的故障主要发生在运载火箭上,如火箭推力不足、提前熄火、爆炸、控制失灵和级间未分离等。根据运载火箭的飞行高度和速度,主动阶段的救生分为低空段和高空段的救生。低空段的救生,主要有弹射座椅救生方案和弹射塔救生方案。如"双子星座"飞船上装有2个弹射座椅,当决定弹射时,其中一人拉动弹射手柄,首先打开两个舱门,火箭点燃将座椅连同航天员沿飞行的斜上方推出一定的高度和水平距离。弹后1.1秒座椅和航天员分开,2.3秒射出稳定伞,抽出引导伞,拉出救生伞,航天员乘伞安全着陆。弹射塔救生方案是一种整体救生方法。救生塔主要有塔架、逃逸发动机和分离发动机组成。塔架上端支撑发动机,下端直接和返回舱连接或通过整流罩与返回舱连接。联盟号、阿波罗号、水星号飞船都采用此系统救生。当发射初始阶段出现应急,不能按计划飞行时则应中断飞行,逃逸发动机点火,将飞船与运载火箭分离,而后分离发动机点火,使返回舱和轨道舱分离,返回舱按正常回收程序乘降落伞安全降落到地面或水面。

高空阶段运载火箭遇到的空气阻力已经很小,利用飞船的返回制动发动机的推力足以克服飞船的空气阻力,而把飞船从危险区推开,然后再按正常的程序降落。

(3)轨道上的救援:轨道运行阶段的安全,主要靠各种设备的可靠性和重要系统设备备份来保障,即常说的"双保险"。一旦出现应急情况,有以下几种营救方式:终止飞行应急返回,营救航天器和遇险航天器交会对接,进入个人救生系统等待救援,在空间站使用再入式航天器救生等。

如果航天飞机呆在轨道上回不来怎么办?这种情况可能性极小。航天飞机离轨主要靠两台主发动机,如果其中一台发生故障,另一台仍能完成离轨任务。万一两台都失灵了,还有机尾的反作用力控制系统(RCS),点燃喷流就可以使航天飞机减速,脱离轨道。这些手段全部失败,还可以点燃机首的RCS完成脱轨。即使是货舱门关不上让航天飞机无法脱轨,也可以通过备用电力和电力发动机,或请航天员用手动的方式关上舱门。如果这一切措施都失败,航天飞机上的生保系统可维持一个星期,下一架航天飞机便可来太空救援。出事航天飞机上的人员可钻进一种救援球中等待救援。

在国际空间站计划中,担负救援任务的是联盟 TM 飞船。另外,美国和欧洲正在研制专门的应急返回飞行器,该飞行器与空间站对接,处于待命状态(即具有维持生命的消耗品和推进剂),到必要时立即脱开,返回地球。

(4)航天器的再入:载人航天器再入阶段如发生事故,除利用弹射座椅救生外,尚没有其他成熟的救生手段。所以重点放在提高正常返回控制系统的可靠性,增加备份装置。如"联盟号"飞船备有备份伞,若主伞未打开,利用备份伞仍可安全着陆。此外,为了减少着陆冲击,返回舱装有缓冲发动机,以实现飞船的软着陆。

近年来,为解决航天的全过程救生,提出了许多方案,如伞锥、救生艇、密闭弹射座椅等,但因技术困难、载荷加重、费用昂贵等原因尚未实际应用。随着载人航天事业的发展,救生装备会越来越完善,载人航天既有"一万"的可靠性保障,又有"万一"的安全救生措施,因此太空飞行是安全的。

21. 神舟系列飞船

1999~2013 年,我国 10 艘飞船先后上天,实现了多次重大突破,创造了世界载人航天史上的传奇。正如外国专家评价的那样:"这是非常典型的中国式太空计划。他们每次都向前迈进一大步,很少重复飞行。"

1999 年 11 月 20 日,神舟一号成功升空。这是一艘初样产品,只起配重作用,主要是验证系统设计的正确性和整个大系统工作的协调性,发射火箭也没有启用逃逸功能,只建立了一个主着陆场。

2001 年 1 月 10 日,神舟二号升空。这是我国第一艘正样无人飞船,可以说是载人飞船的"完整版本",各种技术状态与真正载人时基本一样。飞行时间从 1 天增加到了 7 天,发射火箭开始启用逃逸功能,除主着陆场外还设立了应急着陆场。在返回舱返回后,神舟二号的轨道舱按计划留轨运行了约半年时间,获取了大量宝贵的数据。

2002 年 3 月 25 日,神舟三号升空。它对一些直接涉及航天员安全的系统进行了改进,装载了模拟人,能够模拟航天员呼吸和心跳、血压、耗氧以及产生热量等重要生理参数。这与美国、前苏联先把动物送上太空试验不同。

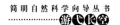

"模拟人"是我国载人航天的一项成功的创造。此外,飞船返回时,还开始设立副着陆场和海上应急救生区。

2002年12月30日,神舟四号成功发射,在飞行7天后安全返回。在设备配备和技术上,神舟四号已经达到了可以载人的程度,载人航天所涉及的各系统包括应急救生区全面启动。前3次无人飞行试验中发现的有害气体超标问题,在神舟四号上得到了彻底解决。

2003年10月15日,中华民族终于梦圆太空,中国首位航天员杨利伟乘坐神舟五号飞船成功进入太空,并在飞行21小时后安全返回地面。

2005年10月12日,神舟六号载着两位航天员费俊龙、聂海胜再升太空,在为期5天的飞行中,他们脱下航天服,从返回舱首次进入轨道舱进行了空间科学实验和太空生活,圆满完成了真正意义上有人参与的空间飞行试验。尤为重要的是,从神舟五号到神舟六号,不是简单的重复,而是进行了大量的创新和改进。神舟六号飞船的技术改进达110项,比杨利伟乘坐的上一艘飞船更安全、更舒适。改进了座椅的着陆缓冲功能,不仅保证了航天员的安全,还能让他在返回途中仍然可以看到舷窗外的情况。神舟六号的黑匣子不仅存储量比原来大了100倍,而且数据的写入和读出速度也提高了10倍以上,体积不到原来的一半。用于神舟六号发射的火箭有75项技术改动,拥有更多的功能,也更加安全可靠。对于火箭上升段振动较大的问题,也进行了较好的改进。

22. 神舟六号飞船的14个"首次"

(1)首次国家最高领导人与航天员通话。中共中央总书记、国家主席、中央军委主席胡锦涛,于2005年10月15日同神舟六号载人飞船航天员乘员组进行了通话。这是国家最高领导人首次与航天员进行天地通话。胡锦涛总书记向费俊龙和聂海胜表示了热烈的祝贺和亲切的问候。

(2)首次多人遨游太空。"神五"只有杨利伟一名航天员,而2005年10月12日,太空迎来了两名客人——中国"神六"的两名航天员费俊龙和聂海胜。人数的增加给飞行任务的各个环节和工程各系统,都带来了不同程度的变化。如携带的装备要增加一倍,两名航天员存在协同配合的问题等。双人飞行,比单人飞行更能全面地考核飞船和工程其他系统的性能。

(3)首次多天空间飞行。"神五"仅飞行了21个小时,绕地球14圈。费俊龙和聂海胜在轨运行多天,飞行圈数、距离大大增加。在空间停留的时间越长,意味着发生问题的概率越大,飞行控制越复杂。飞控系统人员对计算机终端进行了更新,数据记录方式也实现了更新换代。"神六"制定了在轨运行时的150余种故障模式和对策,如果故障严重,飞船在每一圈都能应急返回。

(4)首次进行空间实验。"神五"飞行中,杨利伟一直待在返回舱内,没有进行空间科学实验。这一次,两名航天员从返回舱进入轨道舱生活并开展了空间科学实验。这是我国第一次有人参与的空间科学实验。科学实验如果没有人的参与,实验的内容和效果将受到很大的限制。人的参与将使空间科学实验实现质的飞跃。

(5)首次进行飞船轨道维持。2005年10月14日5时56分,在北京航天飞行控制中心的统一指挥调度下,"神六"进行首次轨道维持。飞船发动机点火工作了6.5秒。稍后,航天员报告和地面监测表明,首次轨道维持获得圆满成功。因受大气阻力和地球引力的影响,飞船飞行轨道会逐渐下降。为确保正常运行,飞行控制专家按预定计划,决定在"神六"飞行到第30圈时,对飞船轨道进行微调,使其轨道精度更高。

(6)首次飞行达325万千米。杨利伟乘坐"神五"飞行了60万千米,而此次"神六"以每秒约7.82千米的速度,在距地面343千米的圆形轨道飞行,飞行距离达325万千米,费俊龙和聂海胜因此成为飞得最远的中国人。

(7)首次太空穿脱航天服。"神五"飞行中,杨利伟一直穿着舱内航天服,而这次两名航天员第一次脱下舱内航天服到轨道舱活动。航天服不仅仅是服装,更是载人航天的个体防护保障系统。这次使用的航天服与上次杨利伟穿的一样,只不过杨利伟没有脱过。航天服重量10多千克,经过训练,他们都能在两三分钟内完成穿脱。

(8)首次在太空吃上热食。"神五"飞行的21个小时里,杨利伟只吃了小月饼等即食食品,喝的是矿泉水,而这次两名航天员在太空中第一次吃上了热饭热菜。中国人喜欢吃热餐,长时间飞行一定要有食品加热装置,所以这次航天食品专家们专门设计了一个食品加热装置,能在30分钟里加热食物。

(9)首次启用太空睡袋。杨利伟躺在座椅上睡了两觉,其间熟睡有半个小时。这次飞行,两名航天员第一次用上太空睡袋,睡觉时间增多了。飞行时间加长后,航天员必须有足够的睡眠,才能保证身体的健康和科学实验的正常开展。这次专家们用保暖织物设计了太空睡袋,固定在轨道舱舱壁上,以供航天员休息。

(10)首次全面启动环控生保系统。"神六"首次全面启动了环境控制和生命保障系统,通过110多项技术改进,对一些直接涉及航天员安全的系统进行了改进。"神六"提高了冷凝水汽的能力,确保飞船湿度控制在80%以下;改进了座椅的着陆缓冲功能,不仅保护了航天员,还能让航天员在返回途中靠座椅提升仍然可以看到舷窗外的情况。

(11)首次安装了摄像头。发射"神六"的"长二"F火箭上第一次安装了摄像头,可以把火箭从起飞到船箭分离等动作的画面实时传回,以帮助地面更加准确地观测和判断火箭状态。这一次在火箭上增加了两个摄像头,一个装配在整流罩内,一个则被安装到火箭外面。

(12)首次启用副着陆场。与"神五"着陆场系统相比最大的不同在于,"神六"飞行任务首次全面启用了位于酒泉附近的副着陆场。由于目前技术条件的限制,还无法对多天内的气象变化进行精确预报。因此,在选择飞船着陆时间时,无法保证主着陆场的气象条件适合降落。副着陆场与位于内蒙古中部草原的主着陆场相隔1 000千米,可以起到气象备份的作用。

(13)首次启动图像传输设备。火箭的监视器——车载遥测站分布在酒泉、渭南、青岛三地,主要负责运载火箭发射飞行全过程中遥测测量任务,这些数据可以使地面指挥人员实时掌握火箭的运行状态。这次分布在酒泉的设备中新增了图像传输设备,是由我国自主研发并第一次使用。这一设备能够将发射过程的图像实时传送到地面,与以前只能通过三维动画来模拟火箭的飞行状态相比,是一个大的飞跃。

(14)首次全程直播载人发射。在"神六"发射过程中,中央电视台组织了强大的阵容,首次直播了载人航天发射的全过程,让全国人民乃至全世界都看到了"神六"精彩的表演。

23. 神舟七号飞船

神舟七号载人航天飞船于2008年9月25日21点10分04秒988毫秒从中国酒泉卫星发射中心载人航天发射场用长征二号F火箭发射升空。飞船于2008年9月28日17点37分成功着陆于中国内蒙古四子王旗主着陆场。神舟七号飞船共计飞行 2 天 20 小时 27 分钟。神舟七号载人飞船是中国神舟号飞船系列之一,用长征二号 F 火箭发射升空。神舟七号,是中国第三个载人航天器,是中国"神舟"号系列飞船之一。中国首次进行出舱作业的飞船。神七上载有三名宇航员分别为翟志刚(指令长)、刘伯明和景海鹏。翟志刚出舱作业,刘伯明在轨道舱内协助,实现了中国历史上第一次的太空漫步,令中国成为能进行太空漫步的国家。神舟七号飞船飞行到第 31 圈时,成功释放伴飞小卫星。这是中国首次在航天器上开展微小卫星伴随飞行试验。

神舟七号飞船由轨道舱、返回舱和推进舱构成。神舟七号飞船全长 9.19 米,由轨道舱、返回舱和推进舱构成。"神七"载人飞船重达 12 吨。长征 2F 运载火箭和逃逸塔组合体整体高达 58.3 米。

轨道舱:作为航天员的工作和生活舱以及用于出舱时的气闸舱,配有泄复压控制、舱外航天服支持等功能。内部有航天员生活设施。轨道舱顶部装配有一颗伴飞小卫星和 5 个复压气瓶。无留轨功能。

返回舱:形状似碗,用于航天员返回地球的舱段,与轨道舱相连。装有用以降落降落伞和反推力火箭,实行软着陆。

推进舱:装有推进系统,以及一部分的电源、环境控制和通讯系统,装有一对太阳能电池板。

神舟七号准备了两套航天服,一套是俄罗斯海鹰号航天服,一套是中国自主研究的飞天号航天服。飞天号航天服接口各方面都是按照中国的模式来做的。飞天号是我国的自主知识产权,以后航天员出舱可能依赖中国造的航天服,而不是俄罗斯的航天服。这次外出行走使用的是我国的飞天号航天服。

神舟七号载人航天飞行任务的主要目的是突破和掌握航天员出舱活动技术,与"神五"、神六"任务相比,技术上主要突破了载人飞船气闸舱、舱外航天服和航天员地面训练等关键技术。

(1)气闸舱与生活舱一体化设计技术。轨道舱进行了全新的设计,兼作航天员生活舱和出舱活动气闸舱,增加了泄复压控制功能、出舱活动空间支持功能、舱外航天服支持功能、出舱活动无线电通信功能、舱外活动照明和摄像功能、出舱活动准备期间的人工控制和显示功能等。

（2）出舱活动飞行程序设计技术。在出舱活动飞行程序设计上，考虑运行轨道、地面测控、能源平衡、姿态控制、空间环境适应性等多种约束条件，通过合理、优化配置飞船的资源，设计出具备在轨飞行支持出舱活动的程序平台。

（3）中继卫星数据终端系统设计及在轨试验设计技术。神舟七号飞船装载了中国中继卫星系统的首个用户数据终端系统，进行了国内首次天地数据中继系统数据传输试验。

（4）航天产品国产化技术与应用。对部分关键器件、组件采用了国产化产品，对于促进航天科技，带动中国相关科学技术进步，发展自主创新型科技具有重要意义。

（5）载人飞船3人飞行能力设计与应用技术。按照3人人体代谢指标设计、配置了环境控制设备，提供可容纳3名航天员生活和工作空间，设计了3人指挥、操作、协同关系程序。

（6）伴飞卫星释放支持及分离安全性设计技术。为伴飞卫星提供了释放平台和释放能力，解决了伴飞卫星释放后对飞船的安全性影响问题。

24. 神舟八号飞船

神舟八号无人飞船，是中国"神舟"系列飞船的第八艘飞船，于2011年11月1日5时58分10秒由改进型"长征二号"F遥八火箭顺利发射升空。升空后2天，"神八"与此前发射的"天宫一号"目标飞行器进行了空间交会对接。组合体运行12天后，神舟八号飞船脱离天宫一号并再次与之进行交会对接试验，这标志着我国已经成功突破了空间交会对接及组合体运行等一系列关键技术。2011年11月16日18时30分，神舟八号飞船与天宫一号目标飞行器成功分离，返回舱于11月17日19时许返回地面。

神舟八号为改进型飞船，全长9米，最大直径2.8米，起飞重量8 082千克。神舟八号飞船进行了较大的技术改进，全船一共有600多台套的设备，一半以上发生了技术状态的变化，新研制的设备、新增加的设备就占了15％。它发射升空后，与天宫一号对接，成为一座小型空间站。

神舟八号飞船为三舱结构，由轨道舱、返回舱和推进舱组成。飞船轨道舱前端安装自动式对接机构，具备自动和手动交会对接与分离功能。神舟八号将基本成为我国的标准型空间渡船，未来实现批量生产。

25.神舟九号飞船

神舟九号飞船是中国航天计划中的一艘载人宇宙飞船,是神舟号系列飞船之一。神九是中国第一个宇宙实验室项目921-2计划的组成部分,天宫与神九载人交会对接将为中国航天史上掀开极具突破性的一章。中国计划2020年将建成自己的太空家园,中国的空间站届时将成为世界上一个独立自主的空间站。2012年6月16日18时37分,神舟九号飞船在酒泉卫星发射中心发射升空。2012年6月18日约11时左右转入自主控制飞行,14时左右与天宫一号实施自动交会对接,这是中国实施的首次载人空间交会对接。并于2012年6月29日10点00分安全返回。

神舟九号飞船飞行乘组由中国人民解放军航天员大队男航天员景海鹏(指令长)、刘旺和女航天员刘洋组成,执行这次载人交会对接任务。神舟九号载人飞船与天宫一号进行两次交会对接,第一次为自动交会对接,第二次由航天员手动控制完成。相比前三次载人飞行,此次神九任务的飞行乘组特点是"新老搭配、男女配合"。一是作为航天员景海鹏是第二次参加飞行任务;二是刘洋成为中国首位参加载人航天飞行的女航天员,同时她也是中国第二批航天员中首个参加飞行任务的。"神九"发射与"神八"发射没有太大区别,最大不同就在于将实施手动交会对接,而这是必须掌握的关键技术。正常情况下一般都是自动交会对接,可一旦软件等出现问题,就需由航天员手动操作。

神八到神九,除了从无人到有人这一最大的不同之外,在与天宫一号实施交会对接时,还有以下几方面的不同:

(1)对接方向:神八两次对接全部采用从后向进入对接,也就是说飞船在后,向前追赶天宫一号,在逐渐接近的过程中,与天宫一号对接。同时,第二次对接采用飞船撤退至140米的地方进行对接的方案。神九将进行前向对接,即飞船在前,由天宫一号追赶神九进行对接。在第二次对接中,采用飞船自动撤离、撤退至400米的地方进行前向对接的方案。

(2)交会对接方法:神八与天宫一号采用的是在飞船上的交会对接设备的引导下自动交会对接,而神九与天宫一号在进行自动交会对接的同时,还将采用人工手动控制方法进行,以验证航天员人工手动控制交会对接技术。实际上,航天员对飞船的手动运动控制功能从神一到神八都具备,但此前中国进行的载人航天飞行中,航天员还没有实际进行操作,即只坐在座舱里,还没有亲自驾驶飞船。神九的航天员第一次进行手动控制飞船,并进行手控交会对接,充分体会驾驶飞船的感觉。

(3)对接环境:由于神舟八号是中国第一次进行空间交会对接,为减小空间各种光波对交会对接设备造成的干扰,根据技术上的考虑和设计上的安排,神八交会对接任务设计上采用的是在阳照区开始自动交会对接,待对接完成的时候,已经处在阴影区,而神九载人交会对接则在全阳照区间进行。由于太空各种光波对交会对接测量设备会造成干扰,在这样的环境下完成交会对接,其难度要远比神八大得多,交会对接设备将接受一次严峻异常的考验。

(4)联成一体:神舟八号与天宫一号交会对接只是完成了两个飞行器的刚性连接,连接两个航天器的舱门并没有打开,因此,在舱内环境上来讲,并没有成为真正意义上的一个整体。由于神九的航天员要进入天宫一号目标飞行器里,进行工作、生活和组合体载人环境的全面验证,因此,神九的航天员将打开两个航天器的舱门,这时神九将首次实现与天宫一号的空间连通,成为运行在太空中连在一起的两个大房间。航天员穿过神九舱门,进入天宫一号,进行相关物品转移、工作和生活。在这种情况下,天宫一号内的二氧化碳净化装置、微生物控制装置等环境控制和生命保障设备将开机,为航天员创造一个与地面一样的工作和生活环境。

26.神舟十号飞船

神舟十号飞船是中国"神舟"号系列飞船之一,是中国第五艘搭载太空人的飞船,由推进舱、返回舱、轨道舱和附加段组成。升空后再和目标飞行器天宫一号对接,并对其进行短暂的有人照管试验。对接完成之后的任务将是打造太空实验室。任务将是对"神九"载人交会对接技术的"拾遗补缺"。神舟十号在酒泉卫星发射中心"921工位",于2013年6月11日17时38分02.666秒,由长征二号F改进型运载火箭(遥十)"神箭"成功发射。在轨飞行15天,其中12天与天宫一号组成组合体在太空中飞行。并首次开展中国航天员太空授课活动。飞行乘组由男航天员聂海胜、张晓光和女航天员王亚平组成,聂海胜担任指令长;6月26日,神舟十号载人飞船返回舱返回地面。

神舟十号的试验任务是自动和手动交会对接、组合体飞行、绕飞和太空授课等。

(1)太空授课:航天员王亚平于 6 月 20 日上午 10:04~10:55 授课,聂海胜担任指令长。授课内容为中国青少年演示讲解失重环境下的基础物理实验。此次太空授课活动由中国载人航天工程办公室、教育部、中国科协共同主办。包括少数民族学生、进城务工人员随迁子女及港澳台地区学生代表在内的 330 余名中小学生,参加地面课堂活动,中国 8 万余所中学 6 000 余万名师生同步组织收听收看太空授课活动实况。太空授课由女航天员王亚平担任主讲,聂海胜辅助授课,张晓光担任摄像师。10 时 04 分,设在中国人民大学附属中学的地面课堂开始上课,师生们共同观看了讲述航天员太空生活的电视短片《航天员在太空的衣食住行》。10 时 11 分,地面课堂建立与天宫一号的双向通信链路,太空授课正式开始,在大约 40 分钟的授课中,航天员通过质量测量、单摆运动、陀螺运动、水膜和水球等 5 个基础物理实验,展示了失重环境下物体运动特性、液体表面张力特性等物理现象,并通过视频通话形式与地面课堂师生进行了互动交流。太空授课活动是中国载人航天飞行中首次开展的教育类应用任务,体现了载人航天工程直接为国民教育服务的理念,必将进一步激发广大青少年崇尚科学、热爱航天、探索未知的热情与梦想。

(2)手控对接:2013 年 6 月 23 日 10 时 07 分,在航天员聂海胜的精准操控和张晓光、王亚平的密切配合下,天宫一号目标飞行器与神舟十号飞船成功实现手控交会对接。按照计划,3 名航天员进驻天宫一号,进行相关科学实验。

(3)交会试验:2013 年 6 月 25 日,天宫一号与神舟十号成功分离,神舟十号从天宫一号目标飞行器上方绕飞至其后方,并完成近距离交会,这是中国首次成功实施航天器绕飞交会试验。这次试验将为后续空间站工程建设积累经验。

(九)宇宙空间站

1.载人空间站

载人空间站是一种在近地轨道长时间运行,可供多名航天员在生活工

作和巡访的载人航天器。小型的空间站可一次发射完成,较大型的可分批发射组件,在太空中组装成为整体。在空间站中要有人能够生活的一切设施,不再返回地球。结构特点是体积比较大,在轨道飞行时间较长,有多种功能,能开展的太空科研项目也多而广。空间站的基本组成是以一个载人生活舱为主体,再加上有不同用途的舱段,如工作实验舱、科学仪器舱等。空间站外部必须装有太阳能电池板和对接舱口,以保证站内电能供应和实现与其他航天器的对接。

2. 空间站的由来和发展

冷战时期,载人航天是美、苏两国开展空间竞赛的主要竞技场。到1982年,前苏联已成功地发射了7个"礼炮"号系列载人空间站,并拟发射"和平"号长期载人空间站。美国在空间站的运行管理方面处于明显的劣势。为了摆脱这种局面,1984年1月,美国前总统里根向全世界宣布,美国将在10年内投资80亿美元,建成规模庞大的永久载人空间站,并邀请盟国参加,拟压倒前苏联即将发射的"和平"号空间站。欧洲空间局以及日本、加拿大等国迅速作出了积极响应,于1988年正式加盟该计划,并把这一空间站命名为"自由"号空间站。由于"自由"号空间站的目标定得太高,在政治、经济、技术等方面都受到了制约,迫使"自由"号空间站经受了一次次脱胎换骨似的重新设计,规模一次次缩小、技术难度不断下降,而研制进度却一次次延后,研制经费不断上涨。

冷战的结束,为美、俄间的航天合作提供了政治条件。在原"自由"号空间站和"和平2号"空间站的基础上,联合建造"阿尔法"国际空间站(现称"国际空间站")。就这样,由美国和俄罗斯牵头,联合欧空局11个成员国(即德国、法国、意大利、英国、比利时、荷兰、西班牙、丹麦、挪威、瑞典和瑞士)、日本、加拿大和巴西(1997年加入)等16个国家共同建造和运行的国际空间站诞生了。国际空间站成为迄今最大的航天合作计划。

3. 国际空间站

国际空间站构件将由3种运载器(俄罗斯"质子号"、"联盟号"运载火箭和美国航天飞机)分45次送入轨道。国际空间站是迄今世界上最大的航天工程,也是世界航天史上第一座国际合作建设的空间站,整个建设工作预计到2005年结束。国际空间站采用桁架挂舱式组合结构,建成后的国际空间站将包括 6～7 个主要舱段(功能货舱、服务舱、实验舱、居住舱等)、2～3 个节点舱,以及结构系统、供电系统、服务系统和运输系统等。其总重量将超过 420 吨,密封舱增压容积达 1 202 米^3,长 110 米,宽 88 米,轨道高度 426 千米(建成后),轨道倾角 51.6°,总功率达 110 千瓦,可乘 6 人,工作寿命 15 年。从建造到运行,直至退役的全寿命费用预计将达 1 047 亿美元。由美、日、欧洲和俄罗斯提供的实验舱将用于进行生物学、化学、物理学等科学研究及各种工程技术和应用研究。主要研究领域有蛋白质晶体研究,生命科学研究,材料研究、试验和加工,空间环境特性研究,天文观测和地球观测等。国际空间站还将成为新型能源、航天运输技术、自动化技术和下一代传感器技术的测试基地。它的建设将对空间探索、开发和应用产生重要影响。

4. 空间站的结构

目前,已经发射成功的空间站,有舱段式结构空间站和桁架式结构空间站。

舱段式结构空间站采用多模块组合,也就是说先在地面上制造好舱段,再用火箭发射到太空中,像积木一样一个舱段一个舱段对接而成,有点像家庭用的组合柜一样。这种结构的空间站具有功能强、使用范围广等优点。但是,由于舱段式结构空间站各舱段之间过于紧凑,因此,将给空间站各个部分之间带来影响。特别是给安装太阳能电池板带来了困难,电池板之间还容易相互遮挡,影响为空间站输送足够的电能。

桁架式结构的空间站就是用长达几十米或上百米的巨大桁架做骨架,就像挂衣服的架子一样,把各种舱段、设备和太阳能电池板等挂在上面。这种结构的空间站克服了舱段式空间站结构过于紧凑、相互影响等不足,灵活性更强,还可以方便维修和更换设备,并大大提高了空间站的工作效率。由于这种结构不像舱段式结构那样拥挤,因此,安装个设备非常方便,太阳能电池板也不相互遮挡了,并且控制起来也比较简单。航天专家们普遍认为,这种结构是未来大型空间站建造的发展方向。

5. "和平号"空间站

"和平号"空间站是前苏联(俄罗斯)发射的舱段组合式大型长久性空间站,是 20 世纪重量最大、在轨工作时间最长和技术领先的航天器,也是世界上第一座采用多舱段组合方式的空间站。"和平号"重量达 135 吨,全长 33

米,由核心舱及"量子"1 号(用于天文观测及医学和生物学研究)、"量子"2 号(用于在轨维修和工艺实验)、"晶体号"(用于研究空间加工工艺及生产新材料和生物制品)、"光谱号"(用于对地遥感和生物学实验)和"自然号"(用于地球生态研究)等 5 个专用实验舱组成。最早发射的核心舱于 1986 年 2 月 19 日升空,最后发射的"自然号"舱于 1996 年 4 月 26 日入轨对接,全站建设工作用了 10 年时间。"和平号"在轨工作期间创造了一系列世界之最,包括男女航天员连续驻留太空时间纪录和多次太空行走纪录。共有 12 个国家的 135 名航天员到访过"和平号",有 31 艘载人飞船、62 艘货运飞船和 9 架次美国航天飞机与它实现了对接。"和平号"原先设计寿命为 5 年,实际上在轨工作了 15 年。在长期在轨运行过程中,"和平号"也暴露出了电力不足和设备老化等一系列问题,曾发生过火灾、货运飞船与站体相撞等严重事故。前苏联解体后,俄罗斯财政出现困难,难以保证该站昂贵的运行维护费用,最终作出了让其退役的决定。2001 年 3 月 23 日,"和平号"离轨,在南太平洋预定海域上空解体焚毁。

6. 载人轨道实验室

美国和前苏联都十分重视空间站的军事应用。早在 20 世纪 60 年代初,美空军就搞了一个"载人轨道实验室"计划。"载人轨道实验室"的主要任务,是研究用载人航天器作为地面军事行动指挥部的可能性;检查和摧毁敌人的卫星和飞船;对地面军事目标进行摄影侦察;研究对敌人的目标进行电子侦察的可能性;试验在轨道上组装大型军用设施的可能性;对人在太空完成军事任务的能力进行定量研究。由于各种原因,"载人轨道实验室"计划于 1969 年被撤销。

7. 天宫一号

天宫一号是中国首个目标飞行器和空间实验室,属载人航天器,高 10.4 米、重 8.5 吨。于 2011 年 9 月 29 日 21 时 16 分 3 秒在酒泉卫星发射中心发射,由长征二号 FT1 火箭运载,火箭全长 52 米,运载能力为 8.6 吨。天宫一号设计在轨寿命两年。

由于天宫一号是空间交会对接试验中的被动目标,所以也被称作"目标飞行器"。天宫一号的主要任务之一为实施空间交会对接试验提供目标飞行器。之后发射的神舟系列飞船,也称作"追踪飞行器",入轨后主动接近目标飞行器。天宫一号的发射标志着中国迈入中国航天"三步走"战略的第二步第二阶段(即掌握空间交会对接技术及建立空间实验室);同时也是中国空间站的起点,标志着中国已经拥有建立初步空间站,即短期无人照料的空间站的能力。2011 年 11 月,天宫一号与神舟八号飞船成功对接,中国也由此成为世界上第三个自主掌握空间交会对接技术的国家。2012 年 6 月 18日,神舟九号飞船与天宫一号目标飞行器成功实现自动交会对接,中国 3 位航天员首次进入在轨飞行器。2013 年 6 月 13 日,神舟十号飞船与天宫一号顺利完成了自动交会对接。天宫一号在寿命末期,将主动离轨,陨落在南太平洋。

8.未来战争中空间站参战的可能性

参战的可能性不大。这是因为空间站存在易损性大,费用昂贵,很多军事作用并不是在实战条件下试验出来的等缺点。

(1)空间站的易损性大。小型空间站重 18～20 吨,中型空间站 100 吨左右,大型空间站为 400～500 吨,这些都是空间的庞然大物。这些庞然大物在空间战争中本来目标就很大,很容易被击毁;而在完成侦察等空间军事任务时,又要求在低轨道上运行,更容易被发现和击毁;现在的军用卫星易损性就很大,小型空间站的易损性比卫星大 10 倍,大型空间站的易损性比卫星大百倍。反卫星武器专家认为,现在从地面打军用卫星,特别是在低轨道上的一些侦察卫星,不一定要用先进复杂的反卫星武器,用探空火箭或中程导弹即可。一般业余的航天爱好者,用肉眼或简单的望远镜就能准确地发现和跟踪美国的侦察卫星。因此,在未来战争中要想打对方的空间站,真是极为简单而又轻而易举的事。空间站在军事上无论有多大的作用,如果没有很好的生存能力,很容易被敌人发现、跟踪和击毁,在未来战争中就毫无价值。

(2)空间站的建造费用昂贵。例如,美国国际空间站的建造费用,在 1988 年的估算是 215 亿美元,1989 年估算是 247 亿美元,1990 年的估算是 383 亿美元。美国国会总会计室的估算,到 2027 年国际空间站的总费用将高达 940 亿美元。如此高昂的建造和维持费用,将给国家带来沉重的经济负担,像美国这样的超级大国,也不得不搞国际合作,与欧洲空间局、日本、加拿大和俄罗斯共同承担费用。

(3)空间站的许多军事作用不是在实战条件试验出来的。空间站的军事应用都是试验性的,而不是在实战条件下发挥出来的。例如军事侦察,空间站在完成军事侦察任务时必须是在低轨道上运行,最容易受到对方的攻击。有一种办法可以克服空间站的这 3 个弱点,这就是让空间站超小型化,即建造一种比小型空间站还要小的空间站;同时提高空间站的机动飞行能力,对空间站进行加固、隐蔽和伪装。这样即可大力提高空间站在未来战争中的生存能力,而且还可以大幅度降低空间站的建造和维持费用。

9. 空间站外的"实验人"

"实验人"是欧洲空间局最新研制的。2004 年 2 月 26 日的夜里,值守国际空间站的第八宇航组的亚历山大·卡列里和福勒在 3 小时 55 分的太空行走中,把"实验人"安放到了俄罗斯的星辰舱外。在国际空间站外的这一年中,这个"实验人"将测量航天员在太空行走时受到的辐射量。

虽然目前科学家们已经测定了空间站内的辐射水平,但航天员在空间站外受到的辐射强度还不清楚。为了精确的测量,"实验人"尽其所能地模拟了航天服中人体状态。

"实验人"由很多奇异的部分组成,因此科学家们用著名的俄罗斯套娃马卓什卡为它命名。实验中模拟的人体要素被称为"幽灵"。由生物的骨骼和类似生物组织的材料组成,低密度的材料被用来模拟肺部,这些"组织"结构被一层模拟的皮肤覆盖着。"幽灵"被独自放在一个像航天服的外置容器里。辐射传感器被分别放在"幽灵"体内和周围重要的部位(如胃、肺、肠、眼睛和皮肤等),还有航天服里。这对于评估宇宙辐射的危险,了解敏感的人体组织所承受的辐射量是至关重要的。

10. 中国研制的太空手

"太空手"可以代替航天员,在恶劣危险的太空环境中进行一些复杂的作业。这个机器人灵巧手的尺寸与人手相似,有 4 个手指,每个手指又有 4 个关节,共 12 个自由度。它的核心部分由 96 个多功能传感器、12 个驱动器以及一部外置电脑构成。每个传感器和驱动器的体积十分微小,可以放到豆荚中并能全部嵌入手掌、手指里,但却非常灵敏、有力。工作时,传感器将工作对象的位置、形状、大小、温度、硬度等一系列必要数据实时传输给电脑。电脑对数据进行处理后,向驱动器发出指令,命其提供合适的动力,让"手"做出精确动作。

在人的遥控操纵下,机器人灵巧手不仅能在地面状态下直线拉动 10 千克重的物体,还能拿着诸如扳手、改锥之类的多种工具,去准确无误地干拧螺丝、更换元器件等精细活儿,甚至能完好无损地抓起一个鸡蛋或在钢琴上奏出动听的音乐。

研制人员说,上述灵巧手可以安装在太空智能机器人的胳膊上,随时出动,独立到舱外进行一些长时间、高难度而且危险的维修、安装作业,从而降低航天员的风险和劳动强度。目前,美国、日本、俄罗斯等国已研制出太空机器人,并被派到国际空间站上协助航天员工作,但由于它们没有这样灵巧的"手",只能做一些简单的抓握动作,从事辅助性的搬运、对接劳动。

11. 空间生活

(1)空间行走:人在地球上走,而航天员在太空里飘。人如果进入了太空,就脱离了地球的引力(可以忽略不计),进入了一个无所谓上和下,几乎没有重力作用的世界。一动就会飘起来,你可以飘来飘去,但必须学会如何用手指的轻轻动作来控制好身体。如果有人用手指轻轻点你一下,你就会飞过整个机舱。你可以睡在天花板上。你必须习惯身体姿态的任何变化,还必须特别小心自己手、脚的位置,以免出现问题。

(2)空间服装:航天器入轨后,航天员便脱掉航天服,换上工作服。他们不用穿鞋,只穿袜子。航天员的工作服一般根据飞行时间长短来准备,有专门定做的,也有在商店里买来的。工作服没有固定的款式,但最常见的是连身工作服,颜色可由航天员自选。航天员的服装一般都是纯棉制品。除工作服外,还有长袖和短袖运动上衣、运动短裤、短袜和半长筒袜。

空间站上的航天员一般都是进行长期飞行的,所以工作服的种类和数量就较多,有长袖连身工作服、无袖连身工作服、防寒连身工作服、马夹式连身工作服。防寒工作服内层为纯棉,外层为化纤面料。各类工作服每人一套。内衣均为纯棉针织品,具有良好的吸汗透气性能。运动用内衣每 4 天可以换一套,工作和睡觉时穿的内衣,每 7 天换一套。

航天飞机的航天员,在入轨后一般会换穿上衬衫和短裤。在他们的裤腿上有带钩的尼龙条带,以便能放置餐盘和活动手袋。他们的手袋很大,钢笔、铅笔、记事簿、餐具、录音机等全装在里面。每人共有 3 套衬衣和短裤。脏衣服装在帆布袋里,与气闸舱里装压力服的网袋放在一起。

（3）空间吃饭：飞行中，每天进餐的次数、间隔时间、每餐食品量、进餐的时间等，都要根据航天员的生活、工作和锻炼情况来合理安排。如前苏联礼炮 6 号在飞行任务中是每天四餐制，美国是采用一日三餐制。早期的航天食品均制成糊状装入软管内，吃时像挤牙膏一样。如今，在航天飞机上就餐，基本上与地面上一样。每人一个托盘当作餐桌，把托盘放在腿上，用钩刺式胶带粘住。将食品盒嵌在托盘的凹槽里，即食食品则用托盘一角的钢夹夹住。托盘上有一块磁条，使餐具不致飞走。

吃饭程序和餐具与地面上的大致相同。就餐前要进行准备，如给复水食品加水，给食物加热。航天员也用叉子或勺子吃饭。你很难想像在失重的状态下，能用餐勺进食，但这是事实。这是由于液体表面张力的作用。进餐时，你的动作必须缓慢而仔细。因为稍不注意，食物就会飞起来，你还得用勺子或手把它捉回来。吞咽食物比地面上更容易。

（4）空间饮水：在容积小的飞船乘员舱里，饮用水常采用增压式水箱贮存和供给。航天飞机的电力系统备有液氢和液氧供发电用，发电的副产品是水，供航天员饮用和备餐。空间站上的废水经处理后可当作饮用水。在飞行中，航天员不能喝啤酒、葡萄酒或含酒精的果汁。

在太空中饮水，不能采用我们在地面上常用的方式，而必须用吸管吸。此外，还有一种非常独特的饮水方式。因为在失重环境下，所有液体因表面张力的作用，当自由飘浮在舱内时都呈球状。因此，航天员拿起一听罐装饮料，可以将饮料往外挤，挤出的饮料迅速变成一个滚圆的小球，然后他（她）飘迎过去，把它一口咽下。然而，航天员们跟水打交道时都特别小心，因稍不留神，水可能会被吸进空调系统或其他设备中，弄湿电子元件，造成短路。

（5）空间用药：在太空中用药，需要一定的技巧。例如，当你想点眼药水时，必须将瓶口贴着眼球挤药水。当需要进行静脉滴注，除了采用特制的器械外，你可以用血压计的橡皮球将药液挤入血管。

（6）空间睡觉：航天器里没有床，因为你可以在任何地方、以任何姿势睡觉，但要用特制的睡袋。睡袋每人一个，内衬可以更换。空间站上 一般 20 天更换一次。航天员将它固定在舱壁上或天花板上，然后钻进去，拉上拉链。这样既保暖又不会飘走。醒来后，要将睡袋翻过来晾 2 小时左右后收起来。有时候，需要连续昼夜干活，休息的人无法安静入睡，美国国家航空航天局就在航天飞机上配备4个像柜子的卧铺，重叠放在中舱右舷处。将卧铺的滑动门关上，就可安然入睡了。在太空中睡觉最有趣、最奇怪的一个现象是，人睡着了，两臂却会自动摆动。

（7）空间洗漱和梳妆：与在地面上一样，洗漱和梳妆是每日生活必不可少的内容。刷牙可用牙膏牙刷，也可用口腔清洁剂和口腔清洁指套，但你必须把泡沫吐在卫生纸或纸巾上。将浸有口腔清洁剂的口腔清洁指套，套在手指上或牙刷上，清洁牙齿、按摩牙龈、去除口臭。用过的指套放在垃圾箱内。航天员可用有杀菌作用的湿手巾擦脸擦手，也可用酒精或温布蘸上肥皂擦手。

在太空中你的头发会飘起来。留长发的航天员，如果不把头发扎好，每天头发都是乱糟糟的。理发用具一般为商店出售的电动推子，但多数航天员却习惯用剪刀剪短头发。剃须的方法和用品与地面上的相同。此外，航天飞机上还专为女航天员准备了梳妆台和化妆用品，如口红、眼影、胭脂和睫毛膏等，但不能有指甲油。

（8）空间洗澡：当有人问"航天员在太空飞行中最想做的事是什么"时，美国航天员迈克·马伦回答说："冲个澡！……忽然一两个星期不洗澡，实在难受。尤其是升空第三天，只要能冲个澡哪怕是送命都成。"这恐怕也是大多数航天员的共同感受。因为航天飞机上没有洗澡设备，航天员在十多天飞行中都不洗澡，而是用湿布蘸肥皂擦拭来清洁身体。可见，在太空中洗澡是多么困难的事！然而洗发就容易多了，一般使用不需要漂洗的香波即可。

在飞船里就更不可能有洗澡设施了，因为飞船太狭小了，航天员只能用湿毛巾擦擦身体。

美国的空间实验室有淋浴装置，当你淋浴时必须用帘子围住身体免得水滴飘走，用过的水通过真空管被吸掉。在俄罗斯空间站上，过去也有淋浴设备，因操作困难已被淘汰，现在航天员们用湿毛巾清洁身体。按要求，他们每7天必须彻底清洁一次身体（包括理发），并换上干净的衣服，以保持身体的清洁。

（9）空间大小便：早期的飞船上，没有便桶。航天员在整个飞行期间都戴着一种像安全套式的装置。这是一种接触密封式尿收集装置，使用起来

既不方便也不卫生。大便收集装置是一种特殊的收集袋,形状像一顶宽边帽,帽檐用胶带粘在航天员的臀部,因在阿波罗号飞船使用而被称为"阿波罗袋"。航天员大便后,在袋中加入杀菌剂,将袋口密封。

现在,航天飞机的尿收集器与大便桶结合成一体,既能用于站姿,又能用于坐姿。便桶上有一根吸尿管,尿液经这根管子进入贮尿箱,贮尿箱每隔三四天倒一次。吸尿管的吸头有两种,男性用漏斗状吸头,女性用吸头则是根据女性的生理构造设计的,不会有泄漏。小便后用水冲洗并用杀菌剂控制臭气和细菌。便桶的两侧各有一个把手,航天员需要方便时便飘到便桶上,将两个把手向内拉,让它们像铐子一样铐住自己的大腿,排便时人就不会飘走了。便桶右侧有一个控制杆,能开、关便桶的盖板和吸孔。方便后要立即清洁便桶。便桶用真空吸尘器来清洁,用活性炭空气过滤净化系统去除臭味。此外,还有备用的"阿波罗袋",在便桶坏了时使用。返回地球后,有专人负责清洁便桶。

还需要说明的是,当航天员穿着航天服时,男性就必须戴上尿液收集装置,女性则用一种吸水能力很强的,像婴儿用的尿不湿或纸尿裤那样的"尿布",不过有的男航天员也选用"尿布"。

(10)空间垃圾处理:垃圾要分干、湿两类,分开存放。湿的垃圾,如食物残渣、用过的尿布和呕吐袋等,放在一个垃圾箱内。干垃圾则装在帆布袋里挂在舱壁上。当垃圾太多时,还要将它们压实。航天飞机上有一种带消音器的手提式吸尘器,用来清除空气净化器滤下的织物纤维和废渣。

(11)空间生理变化:在飞行的头几天,航天员出现食欲减退,嗅觉和味觉敏感度减低,以及腹胀、排气和打嗝等胃肠道不适反应。有些航天员还感到,原来觉得挺可口的东西到了太空就不那么好吃了,甚至吃任何东西都觉得淡而无味。因此,航天飞机上备有各种香辣刺激的调味品供航天员选用。当然,这些调味品都是液体状,装在像眼药水瓶一样可挤压的瓶子里。

除此之外,航天员的外观,也发生了某些变化。因为在失重环境中,人的各个脊椎之间会变得比较松弛,因而身高会有所增加,所以飞行时航天员穿的航天服都比平时训练时穿的要长一些。只要你在失重环境里呆上两小时,血液就会平均分布到身体各个部位。你会发现,腿变细了,上半身却膨胀了,每块肌肉都鼓鼓胀胀的,面部也肿胀了,长脸变成了圆脸,皱纹也不见了。

(12)空间身体锻炼:当人体长时间处于失重状态时,人的运动机能减退,代谢机能发生变化,会造成肌肉萎缩、骨质脱钙,别的矿物质也会损失,所以在太空中航天员的骨头都会变得脆弱。一个星期,脱钙对航天员没有太大的影响,但较长时间就不能掉以轻心了。随着失重时间的增加,影响程度越加明显。为此,航天员在太空飞行时,尤其是在长期飞行中,每天必须进行体育锻炼。

美国国家航空航天局为飞行少于13天的航天员制定一套锻炼计划,但是否执行由航天员自己决定。对飞行时间超过13天的航天员,医生便要求他们必须锻炼。当锻炼为非强制性要求时,大多数航天员都不会按照计划去锻炼,因为他们不想放弃观赏太空美景的机会,还有一个原因是运动后不能洗澡实在是太难受了。实践表明,航天员在飞行一个月左右后,心肌的力量会轻微减弱,但在短期飞行中不会有太大变化。

为了使航天员在30天以上的飞行中保持正常的身体状态和工作能力,俄罗斯"和平号"空间站上装备了各种适用于失重条件下使用的训练设备,如可以脚踏和手摇的自行车功量计、跑台、企鹅服、橡皮条拉力器、下体负压裤等。要求航天员在飞行中必须不间断地进行特殊的体质训练,训练标准负荷约为体重的70%。

(13)空间娱乐休闲:航天员在太空也有娱乐活动,他们最喜欢的娱乐就是观赏窗外的美景。执行任务的时间那么短暂,而太空美景却永远也看不够。每个航天员,一有空闲就贪婪地把目光投向窗外,手头还拿着一块布,随时擦干净鼻子留在窗玻璃上的印痕。航天员观赏太空风景,可不仅仅是休息和消遣,因为海洋学家、气象学家和地质学家总在不断地向美国国家航空航天局索要航天员拍摄的照片,这些都是非常珍贵的资料。航天飞机的航天员飞行10天以上,在飞行中可休假半天。但大多数航天员可能都不愿意什么也不干而休息,谁都希望自己乘员组可以收集到更多的资料,拍更多的照片。

在太空中的另一项娱乐就是欣赏音乐,美国国家航空航天局给每名航天员发了随身听,既可放 CD 又可放磁带。航天员常常在音乐声中、在观看太空美景时睡着。飞行时间较长的,还可以带录像带。航天飞机上有录像

机,跟彩色电视监视器连接即可观看。

(14)航天食品:失重对人的机体有多方面的不良影响,如果营养不良就会加重某些不利影响,而合理的膳食营养措施能部分改善失重引起的某些营养素的代谢紊乱。因此在长期的飞行中,营养要求比较严格。美俄两国都制定了航天膳食营养素供给量标准。航天食品必须卫生合格、营养合理,保证能量的供给,还要尽可能适合个人的口味。一般把航天员在飞行中日常进餐的食品称作食谱食品。除了食谱食品外,航天器上还有为发生意外情况需延长飞行时间而准备的储备食品,为出舱活动准备的舱外活动食品,以及装在航天员个人救生包里、供航天员返回地面后食用的救生食品。

(十)航天飞机

航天飞机是一种垂直起飞、水平降落、部分或完全重复使用的近地轨道有翼航天运载器。它综合利用火箭、飞机、飞船等航空和航天的先进技术,多以火箭发动机为动力上升入轨,完成轨道飞行后再入大气层,像飞机一样滑翔着陆,可重复使用数十次。主要用于在地球表面和近地轨道之间运送各种有效载荷,释放、维护和回收卫星,天文观测、对地观测和军事侦察,进行空间科学实验,为空间站运送人员和货物或作为应急救生飞行器等多项航天任务。航天飞机可分为部分重复使用航天飞机和完全重复使用航天飞机两大类。部分重复使用航天飞机,可由重复使用轨道飞行器和火箭助推器及一次性使用外贮箱并联组成,其中轨道器带有主发动机,如美国现役航天飞机和前苏联的"暴风雪号"航天飞机。也曾出现过由重复使用轨道器和一次性使用火箭串联的航天飞机方案。完全重复使用航天飞机方案的特点,是主发动机和推进剂贮箱均放在机身内,又可分为单级入轨和两级入轨两种形式。航天飞机的关键技术,主要有氢氧主发动机、防热系统及材料、计算空气动力学及风洞试验、环境控制与生命保障、应急逃逸系统、机动飞行和准确着陆技术等。真正用过航天飞机的国家,目前只有美国。美国航天飞机主要有"哥伦比亚号"(2003年在空中爆炸)、"挑战者号"(1986年发射时爆炸后,由"奋进号"接替)、"发现号"和"亚特兰蒂斯号",这些航天飞机着陆后,经检查维修,均可再次飞行。前苏联的"暴风雪号"航天飞机只进行过一次无人验证飞行。

1.航天飞机的组成

航天飞机是追求航天运载工具重复使用的产物,因而是一种特殊的航天运载工具。由于它的轨道器在轨道上运行,因而可以执行航天器的任务,如对天地进行观测等。同时,由于轨道器上设有密封舱和生命保障设备,因而又具有载人航天器的功能。

航天飞机由轨道飞行器、外挂燃料箱和固体火箭助推器三大部分组成。

(1)轨道飞行器:简称轨道器,是航天飞机最具代表性的部分,长 37.24 米,高 17.27 米,翼展 29.79 米。它的前端是航天员座舱,分上、中、下 3 层。上层为主舱,有飞行控制室、卧室、洗浴室、厨房、健身房兼贮物室,可容纳 8 人;中层为中舱,可供航天员工作和休息;下层为底舱,设置有冷气管道、风扇、水泵、油泵和存放废弃物等。它的后端有垂直尾翼、3 台主发动机和两台轨道机动发动机。主发动机在起飞时工作,使用外挂燃料箱中的推进剂,每台可产生 1 668 千牛的推力。在轨道器中段和后段外两侧是机翼。

在轨道器的头锥部和尾部内,还有用于轻微轨道调整的小发动机,共44 台。

(2)外挂燃料箱:简称外贮箱,长 46.2 米,直径 8.25 米,能装 700 多吨液氢液氧推进剂,与轨道器相连。

(3)固体火箭助推器:共两枚,连接在外贮箱两侧上,长 45 米,直径约3.6米,每枚可产生 15 682 千牛的推力,承担航天飞机起飞时 80% 的推力。

2.航天飞机的主要用途

(1)施放人造卫星:航天飞机的货舱里,一次可以装载五六颗人造卫星。航天飞机带着这些卫星飞到所要求的轨道后,打开货舱盖,用机械手把它们一个个地放到绕地球的轨道上去。根据不同的要求,航天飞机可以改变轨道,把这些卫星放入不同的轨道。航天飞机所以能在轨道上施放卫星,这是因为航天飞机达到环绕地球速度进入轨道后,从航天飞机上抛出的东西都具有和航天飞机同样的速度,能沿着和航天飞机相同的轨道绕地球飞行,而不会像从普通飞机上抛出的东西那样"落地"。

(2)捕获航天器:航天飞机有变轨发动机,能够改变飞行轨道,追踪在附近轨道上飞行的其他航天器(如人造卫星),把它们"捉住",装入自己的货舱。如果人造卫星在轨道上发生故障,航天飞机把它"捉住"修好后,重新放

回到轨道上工作,以延长人造卫星的使用寿命。

(3)接送人员:航天飞机可以把地面的航天员送往空间,也可以把在空间的人员接回地面。航天飞机的设计注意了加速度的控制,从起飞到返回地面的整个过程中,加速和减速都很缓慢,加速度不超过地球重力加速度的3倍,因此,对航天员的身体要求就大大降低。航天飞机可以把经过一定航天训练的科学家、工程师、医生和工人送到空间去,从事科学研究工作或其他空间工作。

(4)运送货物:航天飞机一次可以把20～30吨的货物送入近地轨道,可以把大型空间站拆成若干组件分批送上去,还可以为大型空间站的工作人员运送生活用品和其他物资,使他们能在空间站长期工作。

(5)军事用途:美国的航天飞机不单是一种航天的运输工具,更重要的是一种武器系统。航天飞机除能发射、维修、回收各种人造卫星和航天器外,还能完成一些特殊的军事任务,如反卫星、军事侦察和战略轰炸等。

3.载人飞船与航天飞机的区别

目前载人航天器,共有载人飞船、航天飞机、空间站3种。载人飞船必须用火箭发射,在轨道运行完成任务后,经过制动,沿弹道轨迹穿过大气层,用降落伞和着陆缓冲系统实现软着陆。

载人飞船用途很多,主要进行近地轨道飞行,试验各种载人的航天技术,如轨道交汇、对接,以及航天员在轨道上出舱进入太空活动等;考察轨道上失重和空间辐射等因素对人体的影响,开展航天医学研究;进行载人登月飞行;为空间站接送人员和运送物资;进行临时性的天文观测等。

航天飞机是以火箭发动机为动力的,具有飞机外形的,往返于地球表面和近地轨道之间,可以重复使用的载人、载货飞行器。它是集火箭、航天器和航空器技术于一体的综合产物。目前航天飞机的主要任务是承担建造"国际空间站"的运输。

(十一)空间探测器

空间探测器又称深空探测器或宇宙探测器,是对月球和月球以外的天体和空间进行探测的无人航天器。空间探测器包括月球探测器、行星和行星际探测器。空间探测器是进行深空探测的主要工具,目的是了解太阳系的起源、演变和现状;通过对太阳系内各行星的比较研究,进一步认识地球环境的形成和演变;探索生命的起源和演变。空间探测已成为人类继发展应用卫星、载人航天技术后的第三大航天技术领域。从 1959 年 1 月前苏联发射的第一个月球探测器——"月球 1 号",至 1998 年 1 月美国"月球勘探者"的发射成功,全世界已成功发射了 52 颗无人月球探测器。从 20 世纪 60 年代至今,美国和前苏联发射了 120 多颗空间探测器(含月球探测器),分别探测了金星、火星、水星、木星和土星,以及行星际空间和彗星。空间探测器是在人造地球卫星技术基础上发展起来的,但在技术上有一些显著特点。空间探测器特别是行星和行星际探测器,一般要在空间进行长时间飞行,无线电信号传输时间长,地面不能进行实时遥控,因而要求探测器具备自主导航能力。向太阳系外侧行星飞行远离太阳时,探测器的电源系统不能采用太阳电池阵,需要使用核能源系统。有的还要采用抵御更严酷空间辐射环境的特殊防护结构,月球及行星表面着陆和漫游技术等。

1. 火星探测器

火星是距地球最近的行星,探测火星的目的是确认火星的土壤、大气成分、是否存在生命所需要的水,因此在火星着陆是火星探测之初就确认的探测方式。由于火星大气密度约为地球大气密度的百分之一,在火星上着陆必须配备巨大的降落伞。早期的火星探测器有前苏联的"火星号"和美国"海盗号"探测器,均用大型降落伞实现了软着陆探测。美国在 1996 年发射的"火星探路者"探测器,在火星着陆后,还向火星表面释放了火星漫游车,实现对火星较大面积的探测考察,发回了壮观的火星全色全景照片,获得了土壤和岩石信息。美国还将开展称为"火星生命计划"的探测活动。日本于 1998 年发射了"希望号"火星探测器,未着陆,从环火星轨道上发回了数据。

2. 火星车

火星车是在火星表面行驶并研究火星表面土壤物理——力学性质和化学成分的自动行走装置。利用火星车,可以进行各种科学研究:研究火星某区域的地形、地质和形态特征;确立火星土壤的化学成分和物理——力学性质;研究火星表面辐射和环境状况;沿移动轨迹获取火星表面图像信息等。第一个在火星表面登陆的火星车,是由"火星探路者"携带的"索杰纳"火星漫游车。"火星探路者"1996 年 12 月 4 日发射,经过 7 个月飞行,于 1997 年

7月4日在火星着陆,着陆地点位于火星的阿雷斯·瓦利思岩石区域。着陆后,探测器的三面侧壁板平摊打开,"索杰纳"火星车驶到火星表面。"索杰纳"火星车的质量为10千克,高约31厘米,6轮驱动,由高能组电池供电。火星车采用激光制导、智能控制,安装了先进的高分辨率摄像机等微型仪器,可对火星表面岩石、灰烬和碎片的组成结构进行考察,收集火星大气、环境和地貌结构数据,进行火星表面图像拍摄等。在地面,控制人员用一台可视化超级计算机对火星车进行管理和遥控。

3.月球探测器

月球探测器属空间探测器的一种,指对月球进行探测的无人航天器。月球是地球的天然卫星,离地球最近,理所当然地成为空间探测的首要目标。近期的月球探测,将为空间站之后载人航天的下一步目标——人类重返月球和建立月球基地提供依据。从1959年起,美国和前苏联就开始发射月球探测器,至1998年1月美国"月球勘探者"的发射成功,全世界共发射成功51颗无人月球探测器。其中,美国发射成功了25颗探测器,主要型号有"先驱者"、"徘徊者"、"月球轨道器"、"勘测者"、"探险者"、"克莱门汀"和"月球勘探者"。前苏联(俄罗斯)发射成功25颗探测器,主要型号有"月球"、"宇宙"以及"探测器"系列。日本也于1990年成功地发射一颗"飞天"月球探测器,沿地—月轨道飞行。20世纪50年代末至70年代初,是月球探测的第一个高潮期。70年代中期到80年代末,月球探测处于低潮,这期间世界各国均未发射月球探测器。1990年日本成功发射一颗月球探测器后,特别是1994年1月25日,美国"克莱门汀"1号月球探测器的成功飞行,发现月球上可能有水冰存在,可为建立有人月球基地提供基本水源。这一发现大大激发了世界各国对月球探测和开发的兴趣,标志着月球探测又一轮高潮的开始。1998年1月6日,美国又成功发射了"月球勘探者",该探测器携带有γ射线光谱仪、中子光谱仪、α粒子光谱仪以及磁强计等,探测结果表明月球极区可能存在大量的冰。1999年7月,"月球勘探者"最后与月球南极碰撞溅起的土壤碎粒中并未发现水的踪迹。

4."阿波罗"工程

"阿波罗"工程又称"阿波罗"计划,是美国于20世纪60~70年代组织实施的载人登月工程。这一工程的目的是实现载人登月飞行和人类对月球的实地考察,是世界航天史上具有划时代意义的一项成就。"阿波罗"工程开始于 1961 年 5 月至 1972 年 12 月第 6 次登月成功结束,历时 11 年,总共耗资 255 亿美元。在工程高峰时期,参加工程的有 2 万多家企业、200 多所大学和 80 多个科研机构,总人数超过 30 万人。整个"阿波罗"工程,包括确定登月方案;为登月飞行作准备的 4 项辅助计划;研制"土星"运载火箭;进行试验飞行;研制"阿波罗"飞船;实现载人登月飞行。1969 年 7 月 20 日~7 月21 日,由"阿波罗"-11 飞船(载 3 名航天员)首次实现人类成功登月。至1972 年 12 月 19 日又有 5 艘飞船登月成功,总共有 12 名航天员登上月球,创造了人类航天史的辉煌一页。

5."嫦娥"工程

"嫦娥"工程分为"绕、落、回"3 个发展阶段。"绕"指 2006 年发射月球卫星,实现环绕月球飞行探测;"落"指 2007~2010 年发射月球探测器,在月面软着陆探测;"回"指 2011~2020 年发送月球车,到月面巡视勘查并采样返回。

(1)嫦娥一号:嫦娥一号是我国的首颗绕月人造卫星。以中国古代神话人物嫦娥命名,已于 2007 年 10 月 24 日 18 时 05 分(UTC+8 时)左右在西昌卫星发射中心升空。卫星的总重量为 2350 千克左右,尺寸为 2000 毫米×1720 毫米×2200 毫米,太阳能电池帆板展开长度 18 米,预设寿命为 1 年。该卫星的主要探测目标是:获取月球表面的三维立体影像;分析月球表面有用元素的含量和物质类型的分布特点;探测月壤厚度和地球至月亮的空间环境。2009 年 3 月 1 日完成使命,撞向月球预定地点。

(2)嫦娥二号:嫦娥二号卫星(简称:嫦娥二号,也称为"二号星")是嫦娥一号卫星的姐妹星,由长三丙火箭发射。嫦娥二号卫星上搭载的 CCD 相机的分辨率更高,其他探测设备也有所改进,所探测到的有关月球的数据更加翔实。嫦娥二号于 2010 年 10 月 1 日 18 时 59 分 57 秒在西昌卫星发射中心发射升空。2011 年 06 月 09 日下午 4 时 50 分 05 秒嫦娥二号飞离月球轨道,飞向 150 万千米外的第 2 拉格朗日点进行深空探测。为以后进行火星等其他深空探测打下良好的基础,并储备一些宝贵的信息材料。成为第一颗直接从月球轨道飞向深空轨道的卫星。

嫦娥二号卫星于 2012 年 12 月 13 日成功飞抵距地球约 700 万千米远的

深空,以 10.73 千米/秒的相对速度,与国际编号 4179 的图塔蒂斯小行星由远及近擦身而过。当日 16 时 30 分 09 秒,嫦娥二号与"战神"图塔蒂斯小行星最近相对距离达到 3.2 千米,首次实现中国对小行星的飞越探测。交会时嫦娥二号星载监视相机对小行星进行了光学成像,这是国际上首次实现对该小行星近距离探测。在北京航天飞行控制中心的精确控制下,突破 1 000 万千米,这标志着我国深空探测飞行控制能力得到新的跃升。

嫦娥二号突破了多项深空探测飞控关键技术,首次实现并掌握了 1 000 万千米远的轨道设计与控制技术,在燃料最优化分析利用、轨道衰变规律等方面也取得了丰硕的成果,使我国深空探测能力得到新的跃升,也将为我国后续实施载人航天、月球探测、深空探测等航天工程提供有力的技术支持。2013 年 2 月 28 日 10 时 18 分,嫦娥二号卫星与地球间距离成功突破 2 000 万千米,标志着中国月球及深空探测能力实现新的跃升。目前,卫星状态良好,各项飞控事件执行正常,嫦娥二号卫星正继续向更远的深空飞行。嫦娥二号在拉格朗日 2 点环绕轨道上飞行了 235 天,出色地完成了观察太阳的任务后,于 2012 年 4 月 15 日受 控飞翔距离地球大约 1 000 万千米深邃的太阳系空间。

2013 年 7 月 14 日 1 时许,已成为中国首个人造太阳系小行星的嫦娥二号卫星,与地球间距离突破 5 000 万千米,卫星状态良好,正继续向更远的深空飞行。

嫦娥二号卫星的十大使命:

①一配合运载火箭验证地月转移轨道直接发射技术;

②验证距月面 100 千米近月制动的月球轨道捕获技术;

③验证 100 千米×15 千米轨道机动与飞行技术;

④对二期工程的备选着陆区进行高分辨率成像试验;

⑤搭载轻小型化 X 频段深空应答机,配合我国新建的 X 频段地面测控站,试验 X 频段测控技术;

⑥试验遥测信道低密度奇偶校验码(LDPC)编码技术,月地高速数据传输技术及降落相机技术;

⑦获取更高精度月球表面三维影像分辨率由嫦娥一号卫星的 120 米提高至 10 米;

⑧探测月球物质成分；

⑨探测月壤特性；

⑩探测地月与近月空间环境。

(3)嫦娥三号：嫦娥三号卫星简称嫦娥三号，是嫦娥绕月探月工程计划中嫦娥系列的第三颗人造绕月探月卫星。嫦娥三号任务是探月工程二期的关键任务，将突破月球软着陆、月面巡视勘察、月面生存、深空测控通信与遥操作、运载火箭直接进入地月转移轨道等关键技术，实现中国首次对地外天体的直接探测。"嫦娥三号"最大的特点是携带有一部"中华牌"月球车，实现月球表面探测。预计"嫦娥三号"于 2013 年下半年择机发射。2012 年 11 月 13 日，"嫦娥三号"月球着陆器实物模型在珠海航展首次亮相。

(4)嫦娥四号：嫦娥四号卫星是嫦娥绕月探月工程计划中嫦娥系列的第四颗人造绕月探月卫星，主要任务是接着嫦娥三号着陆月球表面、继续更深层次更加全面地科学探测月球地质、资源等方面的信息，完善月球的档案资料。

(5)嫦娥五号：嫦娥五号卫星将在海南文昌卫星发射中心发射，是嫦娥三期工程"采样返回"，将在 2020 年前完成无人采样返回任务。嫦娥五号的探月装置太重太大，需要研制新火箭进行发射。目前新的长征五号火箭已在研制。

2017 年后，我国在基本完成不载人月球探测任务后，将择机实施载人登月探测以及建设月球基地。

6.水星探测器

水星探测是人类利用空间探测器对水星进行的考察。1973 年 11 月 3 日美国发射的"水手"10 号探测器开始对水星进行探测，旨在了解水星环境及水星表面和大气特征。它 3 次(1974 年 3 月 29 日、9 月 21 日，1975 年 3 月 16 日)飞近水星，拍摄到水星表面约 35% 的近距离照片，探测到了水星磁场和磁层。由于水星接收到的太阳辐射较地球大 10 倍，水星本身反射的太阳辐射较地球表面接收到的太阳辐射大 2 倍，所以水星探测器的热控制要求极高。测量结果表明，水星表面密密麻麻地布满了大大小小的环形山，还有一条长达 100 多千米、宽约 7 千米的大峡谷，科学家将其命名为"阿雷西博峡谷"。探测中还发现，水星表面磁场约为地球表面的 1%，水星磁层顶距其表面约为 0.6 个水星半径,不能形成辐射带。水星表面温度夜间仅为 100 开,正午时为 700 开。水星有一个薄薄的氦离子层,但不存在持久的大气层。至于向水星发射着陆器,有可能在 21 世纪初实现。

7. 土星探测器

土星探测器是对土星进行探测的无人航天器,属空间探测器的一种。第一个飞越土星轨道的行星探测器是"先驱者"10 号;此后,"先驱者"11 号、"旅行者"1 号和 2 号访问了土星。这些探测器探测了土星及其卫星,探测到土星环的结构,发回了大量土星图片。1997 年 10 月,美国和欧空局联合研制的重 2.1 吨的"卡西尼"大型土星探测器发射成功,携带了重 320 千克的"惠更斯"子探测器,开始了长达 7 年的土星之旅。该组合探测器飞越多个行星,通过借力达到飞越土星所需的能量。"卡西尼"于 1998 年飞抵金星,2004 年到达土星,届时"卡西尼"将释放所携带的"惠更斯"子探测器到土卫六表面着陆,对土卫六进行实地考察,收集土卫六的多种数据。"卡西尼"将绕土星轨道飞行 4 年,对土星的大气、风、磁场、光环等进行探测。

8. 木星探测器

木星探测器属空间探测器的一种,指专门或主要用于探测木星的无人航天器。木星是太阳系九大行星中最大的一颗,它有 16 颗大小不同的卫星,以木星为中心相互作用,运行在各自的轨道上,构成一个独特的微型太阳系模型。由于木星还是唯一一颗释放能量大于吸收能量的行星,科学家把木星当作一个微型太阳系实验室,所以探测木星的意义已远远超过认识木星本身。第一颗探测木星的探测器是美国于 1972 年 3 月发射、1973 年 12 月到达木星轨道的"先驱者"10 号。接着,1973 年 4 月发射了"先驱者"11 号,1974 年 12 月到达木星。1977 年美国又发射了"旅行者"1 号和"旅行者"2 号探测器。上述 4 个探测器都是先到达木星,而后经过土星,完成探测任务后飞离太阳系。其中,"旅行者"2 号探测器的飞行方案设计十分完美,除完成对木星、土星的探测外,还首次对天王星、海王星进行了探测,成功完成了"四星联游"。上述探测器都是在轨道上进行探测,没有着陆器。1989 年美国发射了技术更为先进的"伽利略"木星探测器,由子探测器和轨道器两部分组成。1995 年 7 月 13 日,释放了锥形子探测器,经过 5 个月飞行,子探测器于 12 月 7 日抵达木星大气边缘,快速冲入木星大气层进行探测,并向轨道器发送探测数据,完成75分钟探测后,坠入木星大气烧毁。这是人类首次在原位测量行星大气。

9.金星探测器

金星探测器是专门探测金星的空间探测器。金星离地球较近,人类较早实现了对金星的着陆探测。金星的大气密度是地球大气密度的90多倍,这对于航天器利用大气减速,用降落伞实现在金星上软着陆非常有利。美、苏曾较早发射在金星软着陆的探测器。前苏联"金星"7号探测器和美国的"先驱者"金星探测器,分别于1970年和1978年在金星上软着陆成功。此后的金星探测大多为轨道飞行探测,主要目的是研究金星是否存在板块构造,是否存在类似地球上大陆板块的巨大地壳运动。美国1989年发射的"麦哲伦"金星探测器,就是绕金星轨道飞行并未在金星着陆的探测器,获得了97%的金星表面测绘图。美欧联合研制的"卡西尼"探测器,也曾飞过金星。

10.哈雷彗星探测器

彗星探测器是专门探测彗星的空间探测器。彗星中可能含有太阳系诞生时留下的物质,而被称为太阳系的化石。对彗星的探测,有望揭开太阳系诞生之谜。同时,彗星由冰和尘埃组成,当它飞行靠近太阳时,水蒸气和尘埃会一同喷发出来,因此探测彗星对宇宙空间的影响也是发射这种探测器的目的之一。通过探测彗星,可了解太阳风的物理性质和化学成分。彗星探测器装有摄像机、中子分析仪、离子质量分析仪、等离子体观测仪和测光仪,用于探测彗尾中的等离子体密度、温度和重离子特性等。为改变探测器轨道,拦截探测彗尾,探测器往往装有变轨发动机。美国的"国际日地探险者"3号和"星尘号",前苏联的"金星—哈雷彗星号",欧洲空间局的"吉奥多"和日本的"行星"A等均为彗星探测器,这些探测器分别在距彗星10 000千米、3 000千米、200千米掠过并探测了彗星。

11.太阳探测器

在太阳系里,太阳是众行星之王。虽然人类每天都能感受太阳的存在和赐予,但仍对它充满着一种神秘感。太阳炽热的高温,光泽表面上的黑子,巨大的耀斑爆发,深邃奇妙的日冕,以及太阳风等,对我们人类来讲仍有着许多未知之谜。

太阳的高温和强辐射给人们观测带来很大困难,探测器也难以到达它

的近旁。从 20 世纪 60 年代以来,世界各国发射的许多科学观测卫星承担过观测太阳的任务。美国的轨道太阳观测站、国际日地探险者、太阳峰年卫星等,前苏联的预报号、质子号、宇宙号卫星等,都在近地轨道上观测、监视过太阳活动,对人们认识太阳作出了贡献。美国研制的先驱者 6～9 号探测器,美德联合研制的太阳神号探测器,在进入靠近太阳的行星轨道上,探测太阳风和日冕的变化。1974 年 10 月 20 日和 1975 年 12 月 8 日先后发射的太阳神 1 号、2 号,在接近太阳 450 万千米处,观测了太阳表面及其周围空间发生的各种现象。美国的先驱者 10 号、11 号和旅行者 1 号、2 号,也都肩负有观测太阳的使命。

1990 年 10 月 6 日,美国发现号航天飞机将尤利西斯号太阳探测器送入太空,把对太阳的探测活动推向一个新的阶段。该探测器重 385 千克,靠钚核反应堆提供工作能量,共装有 9 台科学仪器,任务是探测太阳两极及其巨大的磁场、宇宙射线、宇宙尘埃、γ 射线、X 射线、太阳风等。探测器 1994 年 8 月飞抵太阳南极区域并绕太阳运转,横跨太阳赤道后到达太阳北极。它绕太阳飞行的轨道呈圆形,离太阳最远时为 8 亿千米,最近时为 1.93 亿千米。尤利西斯号绕太阳飞行时,可以对太阳表面一览无余,能够全方位地观测太阳。迄今为止,人类对太阳的探测仅局限在太阳赤道附近区域,对太阳的其他区域特别是两极的情况了解得很少。因此,尤利西斯号的探测成果将具有重大价值。

(十二)未来的太空家园

1. 太空生态系统——人类的太空家园

移居浩渺的太空,一直是人类的梦想。但要想长期在太空工作、生活,就必须建立一个不依赖地球、完全能自给自足的生态系统。最近,美国的科学家成立了一个新的研究中心,希望能够找到通往人类太空家园的路,早日实现人类移居太空的梦想。

早在 10 年前,美国航空航天局就在亚利桑那州的一个沙漠里建立了一个完全封闭的模拟生态系统,命名为"生物圈 2 号"。8 名科学家曾满怀希望走进了这个"世外桃源"。他们原本以为,这个系统中的植物可以在 2 年内为他们提供食物、饮用水和氧气,同时回收他们排出的二氧化碳和粪便。可惜不到一年半,这个生态系统就出现了问题。生物圈内空气中氧浓度从 21％ 下降到 14％,工作人员几乎无法呼吸。后来,项目负责人不得不向生物圈内 注入氧气,最终宣布项目失败。

不过,科学家们并没有灰心。最近,美国航空航天局又在珀杜大学设立 了一个"先进生命维持研究中心",继续 10 年前未竟的事业。

卡里·米切尔(珀杜大学研究人员)说:我们可以从"生物圈 2 号"项目中 吸取一些重要的教训,其中之一就是要精确地计算植物与人之间的这种大 的平衡。再有就是要进行环境控制,这一点我们在"生物圈 2 号"根本就没有 做。

据研究人员介绍,他们目前主要研究怎样将这个系统中人类制造的垃 圾转变成维持生命的物质。微生物将在这一过程中发挥重要作用。这种高 温反应装置就是利用细菌将人类排泄的粪便转化成堆肥。这种圆筒的塑料 内壁上附着的微生物,可以吞噬有机污染物。空气和水净化的任务也由一 些活性菌完成。

科学家们希望,这些研究工作会避免重蹈"生物圈 2 号"的覆辙,成功为 人类建立移居太空所必备的"太空家园"。

2.未来的太空城

建造可供人们长期生活工作的太空城,既是人类的梦想,又是空间技术 发展的必然,特别对于进行太空移民和深空探索,有着特别重要的意义。

(1)伞架子式的太空城:美国普林斯顿大学物理学教授奥尼尔博士对建 造太空城已经研究很长时间了。1977 年,他出版了《宇宙移民岛》一书,提出 了 3 种宇宙岛设计方案,其中的"奥尼尔三号岛"是一种伞形结构的太空城。 它像张开的伞,伞把是两个巨大的圆筒,这个伞特别大,光伞把就有 6 500 米 粗、长 3 200 米。在这个大圆筒里,可以居住 100 多万人。两个伞把用传动 带连到一起,每分钟以一转的速度旋转,从而产生人造动力。伞把的四周是 玻璃窗,窗外用挡板遮挡着,盖板内镶着大玻璃,合上盖板里边就是黑夜,打 开盖板,镜子将外边的阳光折射到里边,里边就是白天了。

(2)圆筒里边是真正的城市:有山丘、树木、花草、河流,有体育场、电影 院、大酒店,还有机场、车站和码头。太空城里的居民外出办事,可以像在地 球一样,或乘船、或乘公共汽车、或乘飞机、或者干脆把手一挥,打的走,非常

方便。尤其称奇的是,这座太空城还可以进行人工降雨,有晴天、阴天、雨天和冷暖的变化。科学家把伞架子边缘设计成农业舱室,在农业舱室里,通过温度控制,可以在不同的舱室分别制造出春、夏、秋、冬四季。因此,农业舱室粮食作物郁郁葱葱,瓜果蔬菜一应俱全。由于温度、湿度适宜,生活在太空城里的公民一年四季都可以吃上新鲜的蔬菜、瓜果和粮食。

3. 太空中的绿色动力——太阳帆

太阳光传送光和热,照到人身上,人会感到暖洋洋的,但从来也没有人感觉到太阳光有压力。实际上,太阳光是有压力的,因为光具育两重性,既是电磁波,又是粒子——光子。光线实际上是光子流,当光子流受到物体阻挡时,光子就撞到该物体上,就像空气分子撞到物体上一样,它的动能就转化成对物体的压力。

不过,太阳光产生的压力——光压是非常非常小的,不仅人感受不到,就连普通的仪器也测不出来。在地球附近,太阳光照射到一个平整、光亮、能完全反射光的表面时,产生的压力最大,大约是 900 万牛/米^2,也就是说 100 万米^2 平整光亮的面积上才受到 9 牛的压力,只相当于一个 2 分硬币的重量。在地面上,由于重力、大气压力、空气阻力、摩擦力等力的存在,微乎其微的太阳光压力几乎感觉不出来。

一些具有创新思维的人开始想到利用太阳光压来推动航天器在太空飞行。早在 20 世纪初,俄罗斯宇航理论先驱齐奥尔科夫斯基就提出过这一大胆的设想,以后又有不少科学家进行过研究。然而,只有当科学技术发展到今天的水平,在有强大的火箭把航天器送入太空的条件下,利用太阳光压作为航天推进力才有了实现的可能。

太阳光压的大小是与接受太阳照射的面积成正比的。受照面积越大,产生的压力越大。为了获得一定的压力,必须有足够大的受照面积,从而引出了太阳帆的概念。太阳帆是一种面积很大,表面平整、光滑、无斑点和皱纹的薄膜,一般由聚酯或聚酰亚胺等高分子材料制成,表面镀铝或银,使其具有全反射的特性。

一块面积为 105 米×105 米(约一个足球场大小)的太阳帆,在太阳光正射下可获得大约 100 毫牛的力,用它推动 100 千克的物体,可产生 1 毫米/秒^2 的加速度。这个加速度极其微小,只有地面重力加速度的万分之一。速度等于加速度与时间的乘积,尽管加速度非常小,只要时间足够长,终能达到一定的速度。即使航天器的加速度只有1毫米/秒^2,但1天后速度可达到86.4米/秒(合时速311千米);一个月后达到2 592米/秒(约2.6倍音速);130天后,就可超过第二宇宙速度,达到11.23千米/秒;1年后可达到31.54千米/秒,足以飞出太阳系。由此可见加速度不在大,时间长就行。

(1)用太阳帆作动力的优点。迄今为止,航天飞行都是用化学火箭作动力,需要携带大量推进剂。想要达到的速度越大,需要的推进剂越多。由于受到可携带推进剂数量的限制,化学火箭只能短时间工作。

太阳帆用作航天动力的最大特点是,不需要携带任何推进剂或工作介质,只要有太阳光就行。太空中太阳光是用之不尽的,太阳帆工作不受时间限制,真像是一部"永动机"。它比较适用于长时间、远距离和超远程的航天飞行,如太阳系内的行星际航行和飞出太阳系的行星际航行,特别是对于需要返回的航天飞行,可以免去携带回程用推进剂的重负。

用太阳帆作航天动力的另一优点是清洁、安全。太阳帆不消耗能源,不发生化学变化,不产生废气、废物,不污染环境,是人们所希望的、保护太空环境的"绿色动力"。

利用太阳帆产生的力,可以用来提升或降低卫星的运行轨道。太阳帆不仅可以使航天器远离太阳飞行,调整太阳帆,相对于太阳的不同角度,也能使航天器迎着太阳飞行。

(2)真假太阳风。我们可以把利用太阳光压力推动太阳帆在太空飞行,比作太空帆船在"太阳风"的"吹"动下缓缓飞行。不过这个"太阳风"不是真正意义上的太阳风,而是速度为30万千米/秒的光子流。真正的太阳风是航天技术和空间科学中所定义的,指太阳喷射出以电子、质子为主的带电粒子流,速度远低于光速,为200~400千米/秒。它作用在航天器上产生的力,比光压还小得多。

(3)太阳帆展开试验。太阳帆在发射时,为缩小体积包裹成一小块,到太空后能否顺利展开,是太阳帆能否正常工作的关键。太阳帆在太空的展开试验,成为研制工作的重要一环。

2001年7月20日美国的行星协会曾用俄罗斯的"波浪号"运载火箭发射"宇宙1号"太阳帆装置,打算在亚轨道上进行太阳帆展开试验。运载火箭

顺利地从 Borisoglebsk 潜艇上起飞,升入高空。可惜功亏一篑,箭载计算机没有发出分离指令,致使太阳帆装置未能与第三级火箭分离,试验没有成功。

2004 年 8 月 9 日,日本用 S-310 小型火箭,携带两种不同形状、厚度为 7.5 微米的聚酯亚胺薄膜飞向高空,进行薄膜展开试验。火箭起飞后 100 秒钟,升高 122 千米时,打开外层的三叶草状的薄膜;当飞行 230 秒,上升到 169 千米时,打开内层的扇形薄膜。两次展开均获得成功。不过,日本的这项飞行试验只是太阳帆的展开试验,并没有试验利用太阳帆产生推进力。

4. 太空育种

所谓"太空育种",指的是利用返回式飞行器搭载生物的种子、胚胎等,使其受到一定的空间诱变,从而成为一种新的诱变育种方法。

"太空育种"起步于 20 世纪 60 年代,目前世界上只有美国、俄罗斯和中国 3 个国家成功进行了卫星搭载太空育种。我国是 1987 年开始将蔬菜等农作物种子搭载卫星上天的。在此后的 10 多次太空搭载育种中,相继进入太空的农作物达 50 个大类、400 多个品种,主要有青椒、番茄、黄瓜、丝瓜、胡萝卜、莴苣等蔬菜种子,还包括水稻、小麦、高粱等粮食作物和花卉草木等种子。

经历过太空遨游的蔬菜等农作物种子,大多数都发生了遗传性基因突变,返回地面种植后,不仅植株明显增高增粗、果形增大,产量比原来普遍增长 10%～20%,而且品质大为提高,作物机体也更加强健,对病虫害的抗逆性特别强。北京航天育种中心的专家曾做过一项对比试验,发现经过太空搭载的水稻蛋白质含量比原来提高了 8%～12%,且"太空水稻"的颗粒饱满、滋味好,每亩产量高达 650～700 千克。青椒通过太空搭载,变得果大色艳,又嫩又香,子少肉厚;除了产量增长 20% 外,维生素 C、可溶性固态物以及铜、铁等微量元素含量都比原来高出 7%～20%。

不过,并非所有作物种子上太空游历一番后都能发生有益的变异,也有受不了这种"高级礼遇"的。如茄子、萝卜、丝瓜等作物种子经过太空育种,非但不能增产,反而像得了病似的,发芽又慢又小,且发芽率降低。即便是同一种作物、不同的品种,搭载同一颗卫星或不同卫星,结果也有不同,这在一定程度上说明了太空环境的复杂性和太空育种的局限性。

太空育种开创了一种全新的育种模式,也为发展现代农业提供了新的技术支撑,如今引种、试种"太空蔬菜"和"太空粮"也在全国逐渐升温。目前,全国已有20多个省(市、区)开展了太空青椒、番茄、黄瓜和太空稻、太空麦等的引种、试种,北京、南京等地还建立了航天育种中心,山东、黑龙江、江苏、北京和上海等地都建有"太空蔬菜"种子繁育基地,并进入了小面积推广和商品化生产阶段。据介绍,2003年开始,已有批量"太空椒"、"太空番茄"、"太空黄瓜"等在北京、上海、南京、广州等大城市的市场上登场亮相,仅上海和江苏两地在近几年里累计上市量就有10多万千克。

(1)航天乌鸡:2002年4月1日,满载着国人企盼的"神舟三号"飞船顺利地返回地球。在开舱之后,人们看到了"神舟三号"上搭载的一个个神秘"乘客"。在这之中,一个空间鸡蛋孵化箱格外引人注目。箱子里,装载着9个幸运的乌鸡蛋,在历经了为期7天的太空遨游之后,立刻被科研人员呵护着送回了地面上的孵化箱。2002年4月23日,3只小乌鸡从蛋中破壳而出,第一次睁开双眼观察这个世界。

这次实验是对"太空育种"技术的积极探索,是将空间育种技术引入动物之中,这与过去的空间生命科学那些有关动物的研究有所不同。过去的研究基本上都属于航天医学,是以动物为实验模型,探讨如何使人类在太空中生存,并减少返回地面后身体可能出现的不利变化。而这次实验,主要是通过航天搭载将空间育种技术引入动物中,不仅能够在胚胎发育、遗传变异等方面获得理论研究成果,而且也能丰富动物遗传育种研究的技术手段。

(2)太空黄瓜:利用航天技术发展农业,是当今世界农业领域中最尖端的科学技术课题之一,有着广阔的发展前景。目前,中国科技工作者富有独创性地进行农作物太空育种研究,已完成300多项试验。到目前为止,世界上只有美国、俄罗斯、中国拥有返回式卫星技术。自1987年以来,中国11次利用返回卫星和高空气球共搭载了包括粮食、经济作物、蔬菜、花卉、微生物菌株等400多个品种。这些有幸搭乘卫星遨游太空的种子,经受太空环境的影响返回地面后,再经过专家对其进行培育、研究、筛选,就成了具有多种优势的新品系、新品种。据专家们论证,用太空育种生产的农产品不仅高产、优质、早熟,而且口感好。我国有10多个省(市、区)进行了太空甜椒、太空番茄、太空黄瓜、太空玉米等品种的大面积示范试验,均取得良好的效果。

10多年来,我国从航天搭载的 60 多种、500 多个品种的植物种子中,筛选培育出多个在农业生产上发挥作用的新品种。据不完全统计,空间诱变育成的高产、优质新品种(品系)在全国的种植面积已超过 70 万公顷。

太空将是引起新一代技术革命的摇篮,航天诱变育种已成为中国在空间生命科学研究方面的一大特色。中国 10 年、人类 40 年来进行的空间效应研究所取得的成果,已使人们认识到,空间环境因子所产生的效应将为生物资源的利用开辟一条新途径。地球是万物生长的摇篮,除了陆地、海洋之外,被一层厚厚的大气包裹着。在这层大气的下面,生活着150 多万种动物、40 多万种植物、10 多万种微生物。这些形形色色的动植物和微生物,组成了地球上生机勃勃的生命世界。然而大气层外已经变成了另一种世界。中国科学院遗传研究所研究员、国家“863”计划航天领域空间科学及应用专家组空间生命科学家,被称为中国太空育种第一人的蒋兴权是这样描述这片神秘世界的:微重力、强辐射、高真空;重力仅为百分之一到十万分之一克,而人在地面感受到的重力是 1 克;卫星中存在着地面没有的高能粒子辐射;在这些特殊的环境下,会使种子和微生物产生遗传变异。美国、前苏联很早就发现空间中植物、微生物的变异,但仅重视基础理论和空间医学研究,更多考虑这种变异对宇航员的影响,而忽视了另一个重要课题——航天诱变育种的应用,中国恰恰在这一点上捷足先登。中国的科研人员还将太空育种这一技术应用在医学、药品研究上,并成功地研制或提炼出高效降脂、治疗癌症的抗生素药物。

(3)太空食品的安全:专家说,太空育种并没有经过人为的方法将外源基因导入作物中使之产生变异,作为一种诱变育种技术,它可使作物本身的染色体产生缺失、重复、易位、倒置等基因突变。

这种变异和自然界植物的自然变异一样,只是时间和频率有所改变,本质上只是加速了生物界需要几百年的自然变异。太空中宇宙射线的辐射较强,这是植物发生基因变异的重要条件。目前,人工辐射育种中的辐射剂量只是国际食品安全辐射量的几十分之一,而太空中的辐射剂量还不到辐射育种辐射剂量的百分之 一。

宇宙射线引起的基因变异,经常会让人想到转基因食品。转基因作物是用外源基因导入植物体内而培育出的新品种,如转基因大豆是用非大豆植物,甚至动物、微生物的基因导入而产生的变异。太空育种则是让作物的种子自身发生变异。我国颁布的有关转基因安全管理规定中,特别排除了对自身通过突变产生的新物种的管理,这也说明太空育种是非常安全的,不用担心其产品的安全性。

四、飞翔的文明——人类的辉煌

(一)科学技术飞跃进步

　　航空航天集中了科学技术的众多新成就,促进了力学、热力学、材料学、医学、电子技术、自动控制、喷气推进、计算机、真空技术、低温技术、半导体技术、制造技术、遥控遥测技术等的发展。同时,科学技术在航空航天的应用中互相交叉和渗透,导致一些分支学科的诞生和发展,如空间天文学、空间物理学、空间生物学、空间环境科学、人工生物圈技术、空间气象学等。

(二)快捷交通

　　航空器本质上是一种优越的交通工具,继陆上、水上,在空间为人类开启了第三条交往通道。快速性、广域性和超越性,构成了这种新质交通文明的内涵。飞机的发明,大大缩短了人类旅行的时间,飞机为人们提供了一种快捷、方便、经济、安全、舒适的运输手段。特别是超声速飞机诞生以后,空中运输更加兴旺。人们可乘坐飞机跨越五湖四海,享受自然资源、美味食品,世界各地可互通有无。未来载人航天的发展,给人们带来星际旅行的遐想。

(三)促使战场多维化

　　航空航天技术用于军事,使军事装备和军事技术发生了根本的变化。
　　飞机用于战争,使战争开始从平面向立体转化。飞机在战争中可以执行截击、侦察、轰炸、攻击、运输和救护等任务,用飞机和直升机执行空投和空降已成为机动作战的主要途径。

各种电子干扰飞机实施电子干扰和反干扰，是现代进攻和防御作战中不可缺少的手段。各种喷气式军用飞机、火箭和导弹成为保障国家安全的重要武器。战略轰炸机、洲际导弹和核潜艇等战略武器构成核威慑力量。由侦察卫星、军用通信卫星、军用导弹卫星以及空中预警和指挥飞机构成的侦察、通信、导航、预警和指挥系统，是国家现代防务系统的"神经中枢"。

航空航天使战场三维化，甚至多维化，而且是一种全新的战场，为国家和民族维护自身安全或征服敌人提供了全新的作战样式和方式。

(四)欣欣向荣的通用航空

通用航空是除军用航空和民用商业航线之外的所有飞行活动。随着飞机性能的多样化，通用航空在农、林、渔业、公务、空中紧急救护、海洋巡逻、抢险救灾、气象探测、私人休闲、航空体育、观光旅游等领域，得到了越来越广泛的应用，成为现代人们生活中的好帮手。

(五)航空航天精神永恒

1. 航空航天代表着科学精神

航空航天精神高度地凝聚人类科学精神，是一座最完美的科学殿堂。它向人类最充分地展示出科学的价值和魅力，最广泛地辐射科学的内涵和真谛，最明确地标示科学的导向和规范。

2. 航空航天代表着勇敢精神

航空航天从来就是风险系数最高的活动，自由翱翔的曼妙境界从来离不开死神的伴舞。航空航天的每一次进步，都是对自然、技术和人类生理、心理极限的挑战，无不伴着勇敢者的足迹。

3. 航空航天代表着爱国主义精神

航空航天是全人类的事业，更是一个国家、一个民族繁荣富强、兴旺发达的象征。从 1970 年 4 月 24 日，《东方红》的乐曲响彻寰宇；到 2007 年 10 月 24 日，"嫦娥"奔向广寒宫；再到 2013 年 6 月 11 日，神舟十号飞船发射成功，与天宫一号再次自动和人工对接成功、天宫授课等科学试验……激发起我国亿万人民爱国热情，无不欢欣鼓舞，这是我们祖国的荣耀，民族的骄

傲。历史上多少仁人义士,更是为了航空建国、航空救国、航空卫国、航空报国的崇高理想,投身航空航天事业,舍生忘死,不懈追求,甚至血洒蓝天。

4. 航空航天代表着奉献精神

我国老一辈科学家,为了祖国的利益,为了科学的发展,在极其艰苦的条件下,努力奋斗,顽强拼搏,把自己的青春、生命都置之度外,更遑论什么名誉、地位、享受、待遇。在他们点点滴滴、无私无畏的奉献与牺牲中,为社会主义新中国创造了前所未有的奇迹。

5. 航空航天代表着美学精神

航空航天是人类艺术的极致,是美的理想的极致。宇宙的浩淼、星空的璀璨,巡天遥看,感受种种神奇的魅力,使人恍若仙境。宇宙太空永远是博大壮阔的剧场,而人类永远是真正的主角,只有人类的激情、想象、精神、文化、创造性和超越性,才能在宇宙间上演惊天地、泣鬼神的状剧。

图书在版编目(CIP)数据

游弋长空/高树理编著.—济南:山东科学技术出版社,2013.10(2020.10重印)
(简明自然科学向导丛书)
ISBN 978-7-5331-7032-5

Ⅰ.①游… Ⅱ.①高… Ⅲ.①航空－青年读物②航空－少年读物 ③航天－青年读物 ④航天－少年读物 Ⅳ.①Ⅴ-49

中国版本图书馆 CIP 数据核字(2013)第 205771 号

简明自然科学向导丛书

游弋长空

高树理　编著

出版者:山东科学技术出版社
　　地址:济南市玉函路 16 号
　　邮编:250002　电话:(0531)82098088
　　网址:www.lkj.com.cn
　　电子邮件:sdkj@sdpress.com.cn
发行者:山东科学技术出版社
　　地址:济南市玉函路 16 号
　　邮编:250002　电话:(0531)82098071
印刷者:天津行知印刷有限公司
　　地址:天津市宝坻区牛道口镇产业园区一号路 1 号
　　邮编:301800　电话:(022)22453180

开本:720mm×1000mm　1/16
印张:9.75
版次:2013 年 10 月第 1 版　2020 年 10 月第 2 次印刷

ISBN 978-7-5331-7032-5
定价:25.00 元